NATURKUNDEN

启蛰

探索未知的世界

人类的住房从束缚中挣脱出来，成为自己形式的主人，并在自然中安顿下来。

它自由自在，在任何土地上都可以实现梦想。

Débarrassée d'entraves mieux
qu'auparavant la maison des
hommes maîtresse de sa forme
s'installe dans la nature
Entière en soi
faisant son affaire de tout sol

dansent la Terre et le Soleil
la danse des quatre saisons
la danse de l'année
la danse des jours de
vingt-quatre heures
le sommet et le gouffre des
solstices
la plaine des équinoxes

大地与太阳舞蹈
四季的舞蹈
钢筋混凝土的舞蹈
每一天二十四小时的舞蹈

夏至和冬至日的山峰与深渊
春分与秋分时的平原

Sa valeur est en
ceci : le corps humain
choisi comme support
admissible des nombres..
.. voilà la proportion !
la proportion qui met
de l'ordre dans nos
rapports avec
l'alentour.

它的价值在于：人体被视为可用数字表达的概念……这就是比例，让我们与周遭关系秩序化的比例！

为什么不呢？

根据这样的材料，鲸鱼或者蜜蜂对岩石上雄鹰的看法于我们一点都不重要。

Pourquoi pas ?
Peu nous chaut
en cette matière
l'avis de la baleine
de l'aigle des rochers
ou celui de l'abeille.

勒·柯布西耶

为了感动的建筑

[法] 让·让热 著

周媛 译

北京出版集团
北京出版社

素描、图画、雕塑，

书籍、房屋、城市地图……

于我而言，

都只不过是对视觉现象的

不同形式的

创造性在积极作用。

突然之间，

您抓住了我的心，您让我感觉那么美好，

我是幸福的，

我说：真美。

这是建筑。

——勒·柯布西耶

目录

1887年的巴黎，在战神广场（Champ-de-Mars）前的大空地上，人们开始修建一座高达300米的铁塔，它的名字——埃菲尔铁塔将在不久的将来闻名于世。同年10月6日，在距离法国边境几千米处的瑞士纳沙泰尔州（Neuchâtel）的拉绍德封（la Chaux-de-Fonds），夏尔-爱德华·让内雷（Charles-Edouard Jeanneret）出生了。这个时候，他还不叫勒·柯布西耶。

第一章
根在汝拉山脉

深受儿时成长环境的影响，夏尔－爱德华·让内雷在他无数的素描和水彩画中都表现了故乡的景色。日后他所给予其作品的最基本的维度，大抵都可以在这些景色中找到深邃的根源。

拉绍德封

拉绍德封，这座海拔 1000 米左右的小城，终年承受着汝拉（Jura）山脉恶劣的气候。这里大概有 2.7 万名居民，其最主要的活动都与钟表制造业紧密相连。夏尔－爱德华的父亲是一位给钟面上釉的工人，夏尔－爱德华父亲的父亲，也曾经从事过同样的职业。夏尔－爱德华父系的祖先来自法国西南部，因为宗教战争的缘故逃到纳沙泰尔山区。夏尔－爱德华的母亲——夏洛特·玛丽·阿梅莉·佩雷（Charlotte Marie Amélie Perret）极喜爱弹奏钢琴，在她的影响下，比夏尔－爱德华年长两岁的兄长阿尔贝（Albert）成为了音乐家。母系方面的一些祖先曾经生活于比利时，正是在这些祖先中某一位的名字——Le Corbésier 的基础上，夏尔－爱德华于 1920 年化名勒·柯布西耶（Le Corbusier）。他先是用它来署名其文章和著述，然后其造型作品及建筑草图也冠名其下。勒·柯布西耶在他的这个化名上玩了一个文字游戏：这个名字在字形上非常接近乌鸦（corbeau），他以非常敏锐的笔触勾勒出了乌鸦的轮廓。

拉绍德封的美术学校主要从事钟表装饰业的职业培训。夏尔－爱德华在那里显示出了一个雕刻家所具有的天赋：1906年，他所雕刻的一个表壳（左图所示）在米兰的博览会中获得了荣誉奖。汝拉山脉的森林和牧场是他灵感的源泉。他起初深受这些自然形式的启发，但很快地，他便超越了简单的复制和翻版（见右页图，《以装饰艺术手法处理的花和叶子》）。他的老师勒普拉德尼尔认为艺术家应该释放结构、组织以及一些基本的力量，以便从中汲取创造的灵感。下图为夏尔－爱德华（右一）和他的朋友莱昂·佩兰（左一）。右页为他与兄长阿尔贝及父母（1889 年）。

夏尔－爱德华的父亲是当地登山俱乐部的主席。他酷爱在山间行走。从很早起，他便开始培养夏尔－爱德

华对森林、峡谷以及巅峰进行探索的兴趣。

夏尔－爱德华是一名勤勉的学生，但他对钢琴没有显示出任何兴趣，他积极致力于绘画。13 岁时，在完成普及教育以后，他进了拉绍德封的艺术学校，这间学校的特长是钟表雕刻和装饰。

在艺术学校：一位不寻常的老师

夏尔·勒普拉德尼尔将会在年轻的夏尔－爱德华未来的命运中扮演一个关键性的角色。这位不到 26 岁、从巴黎回来的年轻教师，自己也从事绘画创作。他在巴黎的时候，经常到法国国立高等美术学院（l'Ecole nationale des beaux-arts）去听课。异常珍视自然的他，经常带学生们到汝拉山脉的灌木丛和草场上去写生。

1903 年，勒普拉德尼尔成为艺术学校的校长。从此，他得以将他的教学融入到某种自然主义的流派中去。这种自然主义潮流与新艺术运动很接近，后者在 19 世纪末期摆脱了历史与学院的束缚，掀起了艺术创作的革新运动。

由于交流的日益频繁，也由于艺术杂志发行量的日益增加,新艺术运动迅速渗透到了整个欧洲。法国的加利和吉马尔，英国的威廉·莫里斯，比利时的霍塔，西班牙的高迪，都是新艺术运动中最耀眼的代表人物。此后，格拉斯哥的麦金托什，维也纳的约瑟夫·霍夫曼和奥托·瓦格纳，德国的凡·德·威尔德和贝伦斯都觉察到这场运动发展得过于迅猛，并力图平息这种过激的状态，将其平稳地过渡到现代运动。

生于19世纪向20世纪过渡时期的夏尔-爱德华，青年时代深受勒普拉德尼尔的影响，并对他有着深厚的感情。年轻的他此时正生活在一种将会深刻地影响他的未来与人格形成的转变之中。在他拉绍德封艺术学校时期的作品中，自然主义影响很快消失了，然而，自然的影响却将永远铭刻在他的感觉、憧憬与探索之中。

夏尔·勒普拉德尼尔对夏尔-爱德华·让内雷的知识结构以及对未来的定位都有着决定性的影响。他为他年轻的学生争取到了与当地的建筑师勒内·夏帕拉兹（René Chapallaz）一起工作的机会。这一次的工作涉及三座别墅的建造：法莱（Fallet）别墅、雅克梅（Jaquemet）别墅以及斯托特泽尔（Stotzer）别墅。法莱别墅（如下图所示）的特征是其一目了然的别致和秀丽，其中哪些部分是由让内雷负责的很难界定清楚，但可以大致确定的是，大量的以松树形象为原型的装饰部分，以及山墙的多彩装饰都出自他的手笔。

法莱（Fallet）别墅，第一次建造尝试

就夏尔-爱德华的个人兴趣而言，他是深深地被绘画所吸引的。但他的这种爱好，却与勒普拉德尼尔对他的期望相违背。“我的一位老师，慢慢地使我从一种平庸的命运中摆脱出来。他希望我成为一名建筑家。但那个时候，我厌恶建筑以及建筑师们……然而那时我只有16岁，我接受了他的判决，我开始投身建筑领域。”

从此，夏尔-爱德华进入到勒普拉德尼尔于1905年创办

20 世纪初，对学习艺术和建筑的人而言，“游历意大利”仍属一种经典的传统。夏尔·勒普拉德尼尔自己也完成过这样的游历，并时时向他的学生们提及。夏尔－爱德华和莱昂·佩兰于 1907 年 9 月开始了一次历时近两个月的游历。在游历拉韦纳、博洛尼亚、维罗纳、帕多瓦以及威尼斯之前，他们还到过比萨、锡耶纳（上图是 Duomo 大教堂）以及佛罗伦萨。对夏尔－爱德华而言，这是一次别样的光线、建筑以及色彩的发现之旅。

的“艺术与装饰”高级课程中。在夏尔－爱德华未来两年的学习中，他将有机会开始他的第一个建筑项目——雕刻师，同时也是艺术学校委员会成员的路易·法莱（Louis Fallet）所订购的别墅。

在意大利的游历

然而，夏尔－爱德华感到自己有必要扩大视野。法莱别墅的建设使他得到了一笔酬金，于是，1907 年，他决定进行他人生中的一次大游历。与学习雕塑的同学莱昂·佩兰一起，他们首先来到托斯卡纳地区。这是夏尔的老师勒普拉德尼尔曾屡屡向他提及的地方。他们在佛罗伦萨逗留了一个月。

在形式和装饰之外，夏尔－爱德华通过他的绘画，努力辨认出隐藏在建筑中的结构和逻辑。“我曾经日复一日地在备忘录中记录我得到的印象，于我而言，它们是弥足珍贵的什锦拼盘。后来我重新阅读它们的时候，我会对它们进行修改，我会更好地回忆起当时的一切。”在旅行的

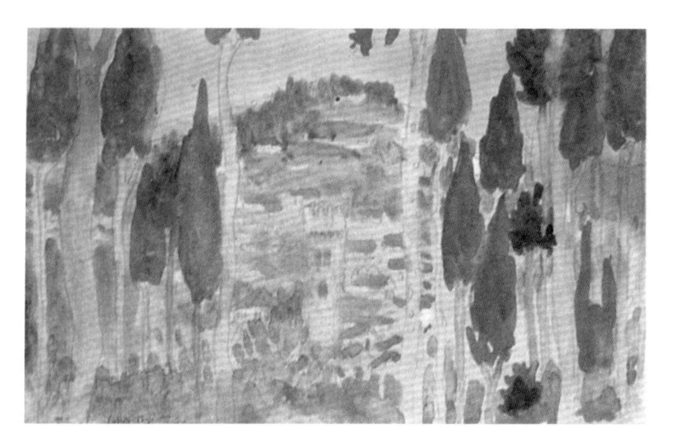

在写给父母的信件和给老师的报告中，让内雷分析了所到之处给他的印象，他的工作和研究。他给他的导游，那个著名的“指南”（Baedeker）作了评注。在让内雷的旅游本和素描本上，他不断地添加着记录、速写、数据和水彩画［如上图所示的菲耶索莱（Fiesole）风景］。他眷恋于建筑物的尺寸，他寻求对其比例和平衡的理解。本子的边缘是素描评论。这是一个年轻灵魂的漫长寻觅。让内雷渴望着新的知识，渴望着对世界和建筑的另一种理解。

过程中，夏尔－爱德华给父母写了 20 多封书信；而给他的老师的，则是五大本关于旅行、游览以及他的发现的总结和汇报。自此，夏尔－爱德华开始献身于他将用一生来回应的需要：写作。

从很小的时候开始，他就沉迷于阅读，通过阅读那些历史学家、哲学家以及诗人们的发现来拓展自己的精神领域。亨利·普罗旺萨尔的《明日艺术》、罗斯金的《建筑的七盏明灯》与《佛罗伦萨的早晨》、欧仁·格拉塞的《装饰的构成方法》、欧文·琼斯的《装饰语法》以及泰纳的《意大利游记》对他的思考和工作都有着深远的影响。

从维也纳到巴黎

从佛罗伦萨出发，夏尔－爱德华先后游历了拉韦纳、博洛尼亚、维罗纳以及威尼斯。之后，他还到了布达佩斯和维也纳。在维也纳，他度过了整个冬天，并在约瑟夫·霍夫曼那里短暂地工作了一段时间。离开维也纳之后，他又陆续游历过纽伦堡、慕尼黑、斯特拉斯堡、南锡（Nancy）和巴黎。到巴黎的时候，他已经没什么钱了，只能住在学院街某间位于

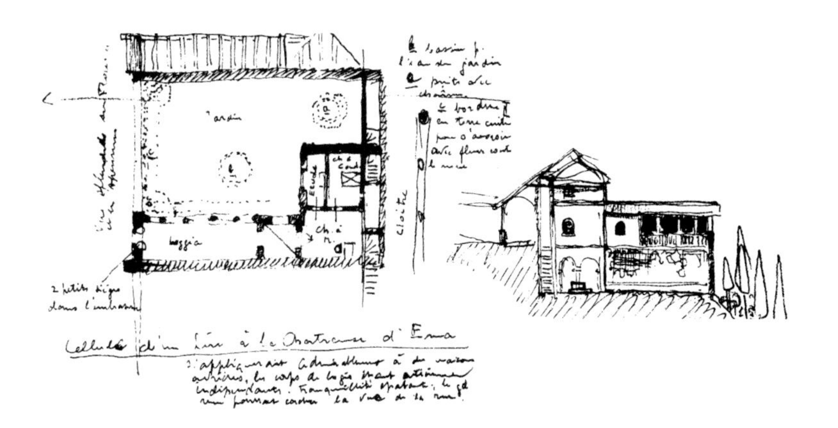

顶层的小房间里。在巴黎，他认识了弗朗兹·茹尔丹——秋季沙龙的主席。这位茹尔丹先生以大量的铁和玻璃为原料建造了萨马丽丹集团的第一批商场。同一时期，他也认识了亨利·索瓦吉，后者在瓦万街建造了一批以陶瓷覆盖表面的建筑物。在里昂旅游的时候，他结识了托尼·加尔尼埃，一个年轻的建筑师。夏尔－爱德华在其身上发现了令自己非常感兴趣的“工业城市”建筑计划。

1908 年，他第二次游历巴黎。他拜访了欧仁·格拉塞，后者将他介绍给了佩雷（Perret）兄弟。如同其他几个使用钢筋水泥的先驱者，如法国的弗朗索瓦·埃内比克、阿纳多勒·德·波多、夸涅，以及美国的欧内斯特·莱斯里·兰森一样，佩雷三兄弟（奥古斯特、古斯塔夫和克劳德）当时正努力使这种新的材质发挥各式各样的结构和造型方面的优势。当时的佩雷兄弟虽然还没有实现他们的代表作——于 1911 年至 1913 年建成的

佛罗伦萨附近的艾玛（Ema）小乡村的发现，是这次旅行中具有决定性意义的事件。下图是《纽伦堡的勒伯格堡》（*Château Le Burg à Nuremberg*）。

香榭丽舍大剧院、1934 年建成的国有动产储备大楼以及建于 1937 年的公共工程博物馆，然而，他们于 1903 年建造的富兰克林街的房屋以及 1905 年建成的位于德·蓬蒂厄街上的汽车库，都显示出他们对于钢筋水泥这种材质的掌握和运用已经很娴熟了。

佩雷兄弟的建筑师事务所

夏尔－爱德华在佩雷兄弟的建筑师事务所度过了 14 个月的时间。这期间，他发现了钢筋水泥所提供的诸多可能性以及一种建筑创新手法。他清楚地认识到，在一个建筑物的实现过程中，有来自两方面的力量：一方面，是代表了各种各样需要的计划；另一方面，是技术手段可以提供的可能性。而建筑应该在一种逻辑化的程序中去解决这两种力量相撞时所提出的问题。他越来越强烈地感觉到了拉绍德封艺术学校的形式主义教育的不足。

在写给他的老师勒普拉德尼尔的一封长信中，夏尔－爱德华叙述了他的发现，也表达了他思想上的动荡。“到巴黎以

人们经常力图将勒·柯布西耶的“现代主义”与他的导师奥古斯特·佩雷的“学院主义”对立起来：在二者一系列的不同观点中，有一点是关于窗户的。奥古斯特·佩雷宣扬高大的窗户。他认为，窗户的大小是与人的身高相一致的；同时也适宜照亮房间中哪怕是最深远的部分。勒·柯布西耶却坚持长形窗户的概念：他认为长形窗更有利于全景式的视野，也更有利于照亮角落。1921 年，在他的一幅图画中（见下图），勒·柯布西耶将奥古斯特·佩雷“安置”在了一排长形窗户前！

后，我感到自己内心有一个巨大的空缺，我对自己说：‘可怜的！你还什么都不知道呢！唉！你甚至对你不知道什么都一无所知。’这造成了我极度的焦躁不安。通过对罗曼艺术的研究，我怀疑建筑应该不是一个形式协调的问题，而是……别的什么……但是，是什么呢？我仍然不是很清楚。”

因此，夏尔－爱德华·让内雷在佩雷建筑师事务所工作的这段时间，构成了他人格转变的一个极其重要的阶段。“佩雷兄弟于我而言，就像是鞭子。”在巴黎的日子里，除了在建筑师事务所做半工以外，夏尔－爱德华还在不断满足自己永不枯竭的求知欲望。通过阅读维奥雷·勒－杜克的作品，他更加深信自己关于建筑结构理性的想法。与此同时，他还选修了法国国立高等美术学院以及索邦大学的一些课程；他经常到国家图书馆和圣热纳维耶芙图书馆学习；参观了大量的博物馆；并在巴黎圣母院楼顶度过了一个又一个小时。

尽管他们之间有一些意见相左的地方，但是奥古斯特·佩雷和勒·柯布西耶从来都表现出相互的尊敬和重视。当奥古斯特·佩雷参观马赛居住中心工地的时候，其发言揭示了他对于自己，同时也是对于勒·柯布西耶的重要性的认识：“法国有两个建筑家，另外一个是勒·柯布西耶。”

工程师们对于钢筋水泥的使用其实可以追溯到19世纪中叶，然而建筑师们对此始终有所保留。1903年，佩雷兄弟在巴黎的富兰克林街建造的钢筋水泥结构建筑是最早的之一。尽管这座建筑物使用了饰有花纹的粗陶土方砖作为填料，然而其可视结构肯定了桩梁关系所具有的力量。

1910年在德国的游学以及1911年在东方的旅行，帮助年轻的夏尔-爱德华·让内雷完成了一次深刻的转变。但是，他仍然感觉到有必要在其家乡再度过5年的时光，才可能让他有能力切断与汝拉山的血脉联系。他1917年才最后定居巴黎。然而,在让内雷这个“形式”之下，勒·柯布西耶不久之后便会“破茧而出”。

第二章
蜕 变

这幅自画像（见左页）表现的是30岁时的夏尔-爱德华·让内雷。就在这一年，他开始定居巴黎。那时候，他的视力已经不太好了。这以后，他的一只眼睛开始一点点地逐渐丧失视力。当时的他，还没有佩戴他的厚底儿眼镜。然而，从这个时候开始，蝴蝶领结已经开始与他的形象紧密联系在一起了。

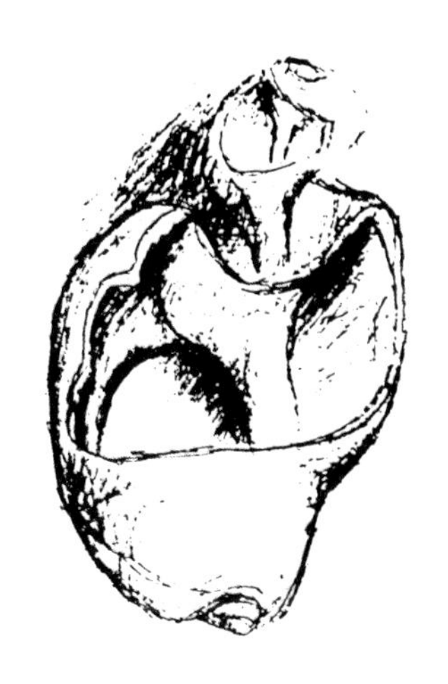

在佩雷兄弟建筑师事务所的日子，夏尔–爱德华还没有能够将自己从与拉绍德封密不可分的文化根源中解放出来。1909年，他回到了故乡，与其他几个艺术学校高级班的同学一起创立了综合艺术工作室。然而这个企图在各个领域发展艺术的联合体并没有取得任何的成功，很快便解散了。这个时期，夏尔–爱德华完成了斯托特泽尔别墅和雅克梅别墅的修建。它们都是在他去意大利时就接到订单并开始研究的。同时，他还着手为拉绍德封的艺术学校设计一座大楼。这座大楼所采取的建筑方案后来一直萦绕在他的脑际：1929年至1930年，在设计无限上升的博物馆时，他又重新采用了这个方案；1959年，这个方案再次落实在了东京西方艺术博物馆的建造之中。

斯托特泽尔别墅和雅克梅别墅的设想，是夏尔–爱德华·让内雷在意大利和奥地利的旅行过程中孕育产生的。他在其中强调了与勒内·夏帕拉兹对于法莱别墅计划的一致性。

在德国的游历

1910年4月，夏尔–爱德华开始了在德国的漫长游历。这次游历的起因是拉绍德封的艺术学校托付给他一个到德国的考

察任务——与工业生产条件相关的艺术职业教育。因此，夏尔-爱德华参观了大量涉及艺术与工业的德国城市和工厂。1912年，他所著的《关于德国艺术运动的研究》在拉绍德封出版。1925年,在他最重要的著作之一《今日装饰艺术》中,他又重新对《关于德国艺术运动的研究》中的某些观点进行了更加精彩的阐释。

贝伦斯建筑师事务所

1910年10月到1911年3月，夏尔-爱德华在柏林的彼得·贝伦斯建筑师事务所工作。格罗皮乌斯和密斯·凡·德·罗也曾在这里工作过。看起来，夏尔-爱德华似乎并没有在这里找到他所期望的新建筑，然而，他却找到了一间重要的建筑师事务所应当具有的组织结构，并遇到了大工业向建筑业提出的诸多问题。

对于夏尔-爱德华而言，剩下的就是要完成他早就开始准备的蜕变，包括在意大利的第一次游历，在巴黎的逗留以及这次在德

在建筑风格上，斯托特泽尔别墅和雅克梅别墅比法莱别墅显得更加含蓄，且丝毫不损其秀美和别致。别墅表面的表现力支配了内部的组织形式；当然，此时就断定“其外部设计是内部结构发展的结果”还为时尚早。

国的经历。在这种情况下，他于 1911 年开始的中欧、希腊和第二次意大利之行，将具有决定性的意义。

游历东方

1911 年 5 月 17 日，夏尔－爱德华·让内雷与他的同学奥古斯特·克里普斯丹一起启程。后者是一位艺术史学家，当时正在准备一篇关于格列柯的博士论文。这次历时近一年的游历使得两个好朋友去探索了地中海和东方。对夏尔－爱德华这个大山的孩子而言，这次旅行无疑是一次冲击、一个启示、一片眼花缭乱。他经历了一次他多年来向往已久的转变："作为人的我尚未成形，我需要在展开的生活面前成为一个区别于别人的独特的个体。"

如同他在前面数次旅行中已经养成的习惯一

样，他总是随身带着他的那个 10 厘米 ×17 厘米的速写本。终其一生，他在这个小本里填充了 80 多幅黑白或彩色的笔记、计算、灵感以及草图。通过这样的方式，他扩展了他的观察与思考。“绘画的目的，是为了通过历史的沉淀，深入到被观察的事物内部。一旦这些事物通过铅笔的工作进入到绘画中，它们就将永远地留在那里面——它们被写下来了，它们被记下来了。”他非常有规律地给他的父母写了一封又一封的长信，这些信都陆续地发表在了当地的报纸——《拉绍德封观点日报》上。

在塞尔维亚、罗马尼亚和保加利亚，他对那些乡村的、大众的、无名的建筑非常感兴趣。他想要寻找这些建筑所包含的精要，寻求它们所提供给人们的、面对自然时需要的那个答案。在希腊的阿索斯山（mont Athos，即圣山。——译者注），他逗留了 8 天。这 8 天中，他被修道生活，也被那里景色和建筑的美完全征服了。在土耳其，清真寺成了他的新发现。他为那些简单的形式、那些光彩夺目的白色、那些地中海式的建筑而着迷：“一种简单的几何学统率着那些主体：正方形、立方体、球体。”那个童年奔跑在汝拉山幽暗的松林和笼罩着轻雾的峡谷中的男人，在光的照耀下意乱情迷了。

在这次游历东方的过程中，三个漫长的星期都贡献给了雅典卫城。夏尔－爱德华·让内雷在那些沉默的石头的冰冷材质下面，找到了一种极其强烈的精神维度。从此以后，他便不能停止在建筑中找寻这样的精神维度。他不停地测量、分析、比较……在一封写给勒普拉德尼尔的信中，他不禁惊呼他已经因钻研这些石头而疲惫不堪，甚至毫无食欲了。在雅典卫城，他找到了他将会越来越强烈地需要的、他认为作为艺术之基本元素的秩序。在他看来，形式与比例的完美达到了一种道德的维度。从多利安柱式的线脚元素，他揭示出了线脚所具有的“道德品行”，即“不可避免、不可改变的严格特征”，他尤其强调了其“热忱和勇气”。左页图上所示的是夏尔－爱德华此次旅行中的另一个兴趣点：保加利亚的乡村建筑。

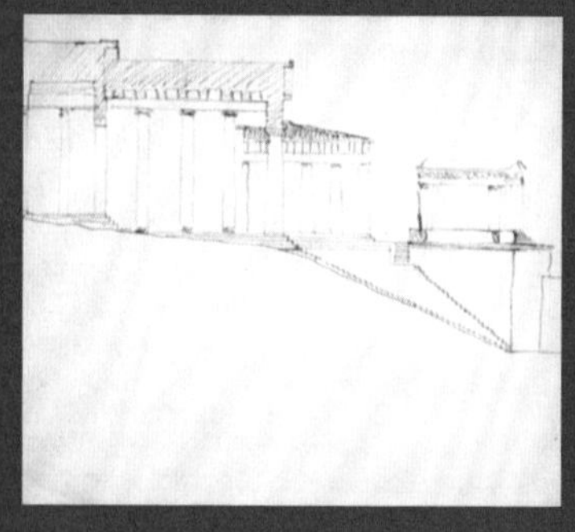

1911 年，夏尔－爱德华·让内雷和奥古斯特·克里普斯丹开始了他们的大游历。“背着行囊，我或步行，或骑马，或乘船，或坐车穿越了许多国家，一路上比照着种族的多样性、其人文根基深刻的一致性。”这次旅行融合了两个参与者不同的目标：对于克里普斯丹而言，是绘画；对于让内雷而言，是建筑。夏尔－爱德华这个年轻的拉绍德封艺术学校的学生，将会在这一次的旅行中，在地中海和东方光芒的照耀下，找寻到意想不到的建筑。对那些乡村建筑以及简单的物品，他也显示出与对宏伟建筑物同样的兴趣。这里有几幅伊斯坦布尔和帕特农的速写。在这些速写中，夏尔－爱德华·让内雷融合了照片、绘画和文字。他在展现建筑的结构和外观的同时，添加了大量的对于构造、装饰、材质以及颜色等诸多细节的注释。在伊斯坦布尔，清真寺向夏尔－爱德华·让内雷呈现出一种严格的几何学意义以及洁白色彩的有序统率：在石灰浆的艳丽光芒之下，正方形、立方体、球体在高歌。

Zénith 表的创立者、纳沙泰尔州的重钟表工业家乔治·法弗尔－雅各（Georges Favre-Jacot），于 1912 年委托夏尔－爱德华·让内雷建造他在距离拉绍德封不远的勒洛克（le Locle）的别墅。建筑家坚决地摆脱了地方色彩的影响。这座别墅所具有的新古典主义的风格，其根源应该是受到了贝伦斯和佩雷的综合影响；当然，在这座别墅中，人们也可以感觉到地中海的风格。

帕特农神庙

雅典古卫城代表着这次旅行中的一个重要环节。夏尔－爱德华和奥古斯特·克里普斯丹在雅典逗留了好几个星期。这期间，未来的勒·柯布西耶任由自己被“笔直的大理石、竖立的圆柱以及那些与海平面平行的柱顶圆盘”所占据。在那些“渊博、正确、奇妙的柱与光的游戏”之外，他寻找着建筑的活力。在他看来，帕特农神庙的美与力量，这“纯粹的精神的创造和催人感动的作品”，不仅来源于其造型的本质，更源自一种精神的秩序。

重返拉绍德封

在游览了那不勒斯和罗马之后，这次东方游历于1911年圆满结束。经过佛罗伦萨附近时，夏尔－爱德华专程又前往了艾玛小村庄。这个僻静的小乡村在1908年就曾让他印象深刻。之后，他便回到了拉绍德封。在他最终定居法国以前，他还要在那里再度过5年的时光。在经历了佩雷建筑师事务所以及这次漫长的东方游历之后，夏尔－爱德华·让内雷重回故乡并长期居住的决定，不由得让人有些惊讶。这个25岁的小伙子，难道觉得自己还太年轻，还没有到离开他的家庭、他的导师勒普拉德尼尔、他的故乡、学校的同学以及艺术学校的时候吗？难道，在他内心深处，对于这次地中海和东方之行的诸多发现所引发的蜕变和憧憬，一时之间还难以承受吗？

此时，勒普拉德尼尔正试图在艺术学校建立一个新的专业，目的是培养现代工业生产条件下的艺术家。在他的劝说下，夏尔－爱德

在夏尔－爱德华·让内雷开始着手法弗尔－雅各别墅的同时，他的父母又向他委以建造他们自己的别墅的重任。这座别墅计划坐落于拉绍德封北部的一座小森林里。别墅的主体建筑位于一座斜坡花园的顶端，与花园相接的是一个大平台。这是一个很坚实的建筑体，其中所有的表达，都决定于一个极端严格的计划。这里“外部是内部的结果”。在建筑的中心位置，底层的作为音乐厅的房间里耸立着4根柱子。这里是用来放置建筑师母亲的钢琴的。这间大厅使它周边的房间都成为与其正交的结构。在西边，别墅的轴心部位，被安排作了餐厅，这样就造成了餐厅似乎是坐落在某种后殿当中的效果。别墅的外壁覆盖着一层涂层，由于这种光亮鲜艳的颜色在当地并不常见，夏尔－爱德华家的别墅很快就被冠以“白色别墅”的外号。

华·让内雷以及他的两个旧时同学乔治·奥贝尔和莱昂·佩兰，同意到这个新的专业任教。勒普拉德尼尔的设想很快就遭遇到了挫折。但是，夏尔-爱德华·让内雷在这期间却获得了好几个建筑项目。1912年，他在拉绍德封附近的勒洛克建造了工业家乔治·法弗尔-雅各的别墅。1916年，他又完成了两个工程：一个是为某工业家建造的施沃布别墅，另一个便是为他的父母建造的让内雷-佩雷别墅。

在他最初完成的三个建筑（法莱别墅、雅克梅别墅以及斯托特泽尔别墅）中，夏尔-爱德华·让内雷尤其注重外部造型。在他看来，外部造型左右了一部分内部组织结构。在1912年至1916年间设计的三座别墅中，建筑物平面图决定了建筑表面的组织。在这些设计中，人们也可以看到弗兰克·劳埃德·赖特的影响——夏尔-爱德华·让内雷后来在别的地方提到过赖特“倾向于秩序、组织及一种纯粹建筑的创造”。

在施沃布别墅所具有的钢筋水泥结构中，包含着16根方形的柱子。同时，它也具有与让内雷别墅相似的设计：在底层中心的大厅中，耸立着4根大柱子。这一特征，支配着整个平面图。施沃布别墅的建造，摆脱了一种有力和庄严、朴素的印象。这通常使人联想起佩雷的设计风格。施沃布别墅所采用的白色、体积严整以及以平台作建筑顶饰的风格，很快就让它在当地获得了“土耳其别墅”的美誉。

1912年2月，夏尔－爱德华·让内雷在致当地的银行家、工业家以及商人的一封信中，自称为钢筋水泥的专家。实际上，到那时为止，他采用的大多还是传统的建筑方法。在建造施沃布别墅（见左图，建造中的别墅）的时候，我们的建筑家第一次运用钢筋水泥结构，展现了奥古斯特·佩雷对他的教导：桩与柱之间的匀称及其与平面组织形式的协调；结构在整体的建筑表达中扮演了最主要的角色。

Dom－ino：一种建造系统

除了拉斯卡拉（la Scala）剧院的规划工程以外，在拉绍德封，夏尔－爱德华·让内雷还对一系列项目进行了研究，但是这些项目最后都没有能够实现。同时他对公共住宅的问题也很感兴趣。1914年，在获悉由于战争的关系，弗朗德勒地区逐步遭受到破坏以后，他开始着手研究一种新的工业建造的程序。根据他的设想，新的工业建筑将会由一些可连接

的结构部件组合而成。这样的方法，可以方便快捷地建造攸关民生、外形多样的房屋。最重要的是，人们可以自己动手完成这样的建造。

新的建造体系被命名为“Dom-ino”。这个名字是由拉丁语domus（房屋）和法语innovation（革新）两个词的词根组合而成。与此同时，它还令人想起多米诺骨牌这种游戏。如同在多米诺骨牌中，可以将不同的部件相互连接起来一样，在建筑中人们也可以将那些先于系统而被制造的、成型的部件相互连接起来。

在他后来很快就被打断的教学以及建筑活动之外，夏尔-爱德华从没有停止过素描和绘画。1912年，他在纳沙泰尔州举办了一次名为“石头的话语”的展览，一共展出了他东方之行的16幅水彩画。这16幅图画中的一部分也参加了巴黎秋季沙龙的展出。这个时期的夏尔-爱德华仍然常常到巴黎去，他还继续阅读历史、艺术批评方面的书籍以及诗歌，例如莫里斯·德尼的《理论，1890—1910》以及奥古斯特·舒瓦西的《建筑史》等。同时，他还把笔记和文章整理、汇集到了一起，这些文字就是后来的《东方之旅》（*Voyage d'Orient*）。然而，这本书的正式出版一直等到了1966年。此时，他还着手编写了《城

钢筋水泥有助于人们辨别出墙体所一向具有的两种功能：支撑地板和天花板；封闭建筑体。夏尔-爱德华·让内雷尽力从中提取出一切可能的自由性。Dom-ino系统最基础的单元（见下图）由3个平板、6根柱子以及一个楼梯组成。为了解放建筑的表面，柱子的位置是缩进的；同时，它们与平板之间的连接做得没有任何的凸起，这样就可以得到非常平滑的隔墙。

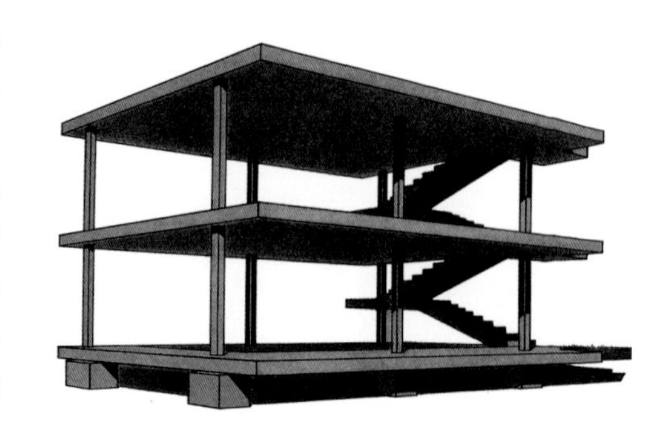

勒·柯布西耶不断地运用钢筋水泥的桩板结构。在他大量的关于系列房屋（见上图）的研究中，不断地变化使用着 Dom-ino 系统。他在 1925 年总结出的“新建筑的五个要素”中的好几个要点，都源于这个系统。雪铁龙住宅（1920 年）以及别墅大楼（les immeubles villas，1922 年）都代表了系统的某一种变体，而其中所具有的建筑原则，则贯穿了他所有的建筑作品：从 20 世纪 20 年代的那些白色别墅一直到昌迪加尔的那些大厦。

市建设》，但是这本书稿却一直没有得以出版。

离别拉绍德封

1917 年，夏尔－爱德华 30 岁。在拉绍德封和勒洛克建造了 6 座别墅以后，他被成功地介绍给了当地的许多中产家庭。他本可以继续他得意的建筑师生涯，然而，他感觉到在那里找不到他想要的那些维度，他渴望有新的视野、新的际遇。巴黎，这个知识和艺术的中心吸引着他。他艰难地离别了拉绍德封，开始定居法国。由此，他终结了他生命中一个持续了相当长时间的阶段：在十几年的时间里，从他所受的有限的初级教育开始，他不断地通过游历、交往以及阅读，以一种“贪婪”的好奇心，积累起了一种崭新的知识。作为一个固执而顽强的自学者，他从没有停止过做注释、画素描和写作。因为他如此渴望不断地获得一种对深邃的现实，对事物的意义，对建筑的更加敏锐、更加具有洞察力的知识。逐渐地，他在拉绍德封教育的基础上，建立起了另外一种关于和谐、关于建筑、关于建筑师功能的概念。在夏尔－爱德华·让内雷的身体内，勒·柯布西耶不久之后便会破茧而出了。

夏尔－爱德华·让内雷（左侧），他的哥哥阿尔贝（右侧）以及他们的父母在拉绍德封让内雷别墅的花园里。

1917年，在巴黎，夏尔-爱德华·让内雷这个将于1920年开始正式化名为勒·柯布西耶的建筑家，鲜明地展现了他的个性、想法和工作能力。从此以后的20年，无论是在造型表现力、建筑创造、城市规划研究还是写作等诸多领域，他都表现出格外的多产。

第三章
破茧而出

银行家拉乌尔·拉罗什（Raoul la Roche）拥有一批立体派和纯粹派画家的优秀作品。夏尔-爱德华·让内雷根据这位银行家的意思建造的别墅，满足了这个单身男人想要在画廊中展示其收藏的要求。

1917年，初到巴黎的夏尔-爱德华·让内雷住在离圣日耳曼德佩教堂不远的雅各布街20号。他在这里一直住到了1934年。之后，他便和他的夫人一起搬到了位于巴黎和布洛涅（Boulogne）交界处的、有屋顶平台的公寓中。公寓大楼位于农热塞与科里街，是勒·柯布西耶自己于1934年设计完成的。1930年12月，夏尔-爱德华·让内雷与伊冯娜·加理斯（Yvonne Gallis）喜结良缘。在此之前三个月，他终于通过一系列入籍手续，拿到了法国国籍。1924年，他在塞弗尔街35号设立了自己的建筑师事务所，他的堂兄皮埃尔·让内雷也在这间事务所工作。从此以后，事务所承接的所有项目落的都是让内雷兄弟两人的名字，直到他们在1940年分道扬镳。1950年，在建造印度的一系列大项目的时候，两人又再度携手。

下图所示的是卢舍尔（Loucheur）住宅和那些供艺术家或农民居住的样板别墅。从这个角度看来，与墙壁和隔板相比，勒·柯布西耶更着力于表达对空间的创造。

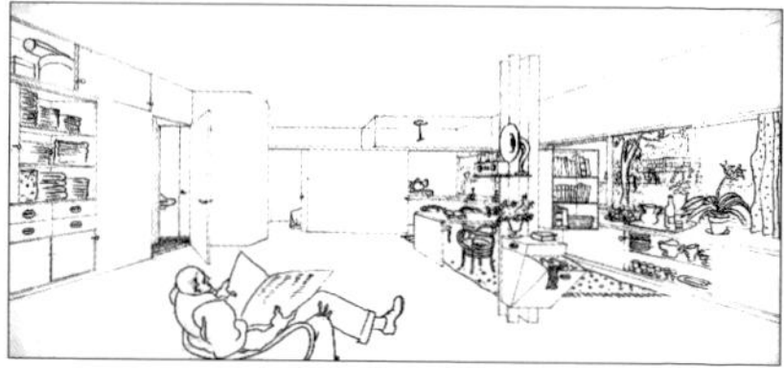

工业化的勒·柯布西耶

直到1920年，夏尔-爱德华的一系列活动都不够稳定，也没能给他带来利润。他先是供职于一个

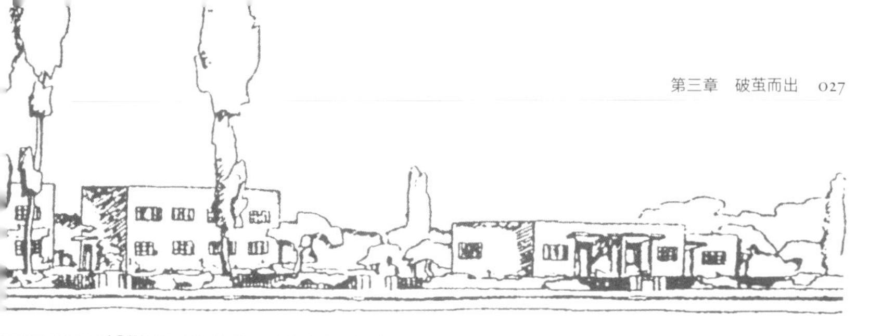

研究机构——钢筋水泥应用协会，之后又经营过一个制造砖和其他建筑材料的企业，但这个企业最后倒闭了。再后来，他创办了自己的研究机构——工业企业和研究联合会。

1919年，他设计了莫诺尔住宅（maison Monol）计划。这个计划的基础是石棉水泥和做成拱顶状的屋顶。后来，他在建造拉瑟尔圣克卢小屋以及雅吾尔和萨拉白两座住宅的时候，又再次延续了同样的原则。他非常关心工人住房的问题。他对泰勒工作制很感兴趣，并尽力以一种工业制造的精神合理化建造方法。他似乎认识和感觉到了身为一个企业领导人的责任感和自豪感，然而，他并不具有一个生意人的才能和资质。在法国建筑业萎缩的那段艰难时期，他的那些企业没有获得过丝毫的成功。

最终并没有能够实现的“大钢筋住宅”（Maisons de gros béton，1919年）计划应用了一种独特的技术。正面的地面是建立在砾石底座上的，道路就建立其上；砾石与石灰浆一起浇筑在一个40厘米厚的模板中。“直线是现代建筑的财富，这是一种恩赐。应该将浪漫主义的蜘蛛从我们的精神中清理出去。”

伊冯娜·加理斯，模特，摩纳哥人，勒·柯布西耶的妻子。她长期在勒·柯布西耶左右，是他的一个平衡点。她帮助他找寻自己、摆脱困境，并和他一起接待他们的朋友。“她是一个拥有清澈心灵的爽直的孩子，她来到人间，陪伴在我的身边。”

夏尔－爱德华·让内雷从来就没有熄灭过成为画家的梦想。这个隐藏在他意识中的画家，或许无时无刻不在嫉妒他作为建筑家所取得的那些成就。他的第一幅油画《壁炉》，表达了他严格和平衡的意愿。这将成为他作品中所有表达形式的特征。在一个壁炉的平台上，两本书被摆在了一个白色立方体旁："作于1918年的第一幅油画……老实说，这幅画的后面代表着雅典卫城。"

纯粹主义

1917年，由于奥古斯特·佩雷的引见，夏尔－爱德华得以结识阿梅代·奥赞方。与阿梅代之间的友谊，将带给夏尔－爱德华决定性的影响：他得以摆脱他的犹豫不决，摆脱他的生意与创作憧憬之间的分裂。"在我自己的混乱不安中，我会想起你的宁静；在我激动烦躁的时候，有你清晰的意志。我觉得我们之间似乎横亘着岁月的深渊。我感到自己还在学习的门槛前徘徊，而你已经在开始创造了。"

夏尔－爱德华一直保持着素描的习惯。当他在瑞士汝拉山中奔跑的时候，当他旅游的时候，他都不停地增加着素描和水彩画的数量。在绘画上，除了他的老师夏尔·勒普拉德尼尔以外，印象派画家如马蒂斯、西涅克等对他的影响也非常大。一直到30岁，他都没有能够找到属于自己的绘画表达方式。他的第一幅油画、完成于1918年的《壁炉》，无异于一种宣言——由于其主题和表达方式的独特，这或许可以视作他绘画生涯中具有决定意义的一步。画中构图的严格和光线的强烈，都宣告了20世纪20年代绘画和建筑的纯粹主义。夏尔-爱德华将永远不会停止绘画。在他年少的时候，他的老师说服了他成为一个建筑师。但是，终其一生，他都寻求使自己成为与他日益升高的建筑家声望相抗衡的造型艺术家。

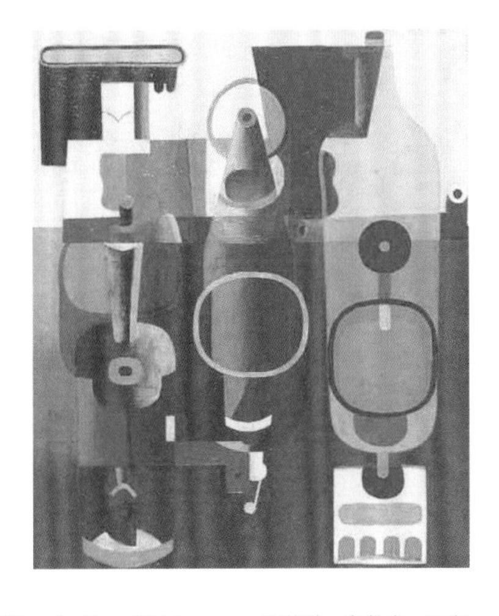

阿梅代·奥赞方、阿尔贝·让内雷与夏尔-爱德华·让内雷（从左到右，见下图）。上图为一幅纯粹主义的静物（1921年）。

阿梅代·奥赞方与夏尔-爱德华有同样的想法。他们都想通过一种朴实无华的几何学的严格，来凸显光滑的大平板上的纯色的秩序与和谐。他们都宣扬机械的重要性。在他们看来，立体主义离当代的问题太远了。他们将这些想法写入了1918年出版的、由两个人同时署名的著作《立

体主义之后》。为了指明他们的美学观念，他们选择了阿梅代·奥赞方发明的一个词：纯粹主义。这个词不仅仅覆盖了形式上的观念，更重要的是具有一种道德上的维度：方法的纯粹、简单与经济是这种新的审美观念的核心价值。

费尔南·莱热带给夏尔－爱德华·让内雷许多启发。其作品中的宏大维度以及他不断地在自己的画作中给予机器的越来越重要的地位，都充分说明了他们之间的友谊以及思想上的交流。他们经常辩论绘画和建筑在建筑空间安排上各自的位置，也时常为艺术家与建造师之间的紧密合作而辩护。但是，这种合作在他们这里，并没有导致任何现实结果。上图是勒·柯布西耶为费尔南·莱热所作的速写。

此后，在将近10年的时间里，夏尔－爱德华都毫不松懈地坚持在其大量的素描、油画，甚至日常生活的普通物品上变化和应用纯粹主义的思想和主题。他的研究，旨在通过在“基准线”上组织作品以达到构造的和谐和统一。一幅画“不是作为一个平面，而是作为一个空间”被构思的。在这个空间中，一个物品与其他物品彼此相连，就像建筑空间中那些彼此联合的建筑体一样。此外，造型艺术的创作、建筑以及城市规划，难道不就是“献给不同形式的视觉现象唯一的，并且同一的创造性表现吗”？

在他们于1925年变得不和睦以前，具体而言是在1918年至1923年之间，夏尔－爱德华和阿梅代·奥赞方一起，在好几个画廊里共同展出了他们的作品。1920年，夏尔－爱德华结识了费尔南·莱热。他们保持了一段颇为紧密的友谊，之后又逐渐疏远了。他们两人都给予进步、技术和机器以极其突出的地位，然而不同的是，费尔南·莱热寻求表达在机械主义的表面征象之下的社会维度；而对于夏尔－爱德华和阿梅代·奥赞方而言，他们找寻的是纯粹主义在本质上所具有的一种审美的、理想化的价值。

一直到1926年，夏尔－爱德华在其绘画中都只表现静物。从1926年以后，他开始使用一些新的物体，一些具有有机体特征的、“唤起诗意的物体”：贝壳、骨头、燧石、松果。这

勒·柯布西耶的神情常常是非常严肃的。这无疑是其新教出身和所接受的严格教育在他身上留下的印记。然而他内心深处对于自然的热爱、他的保健医生般的健康观念以及对于大海和游泳的喜爱，都每每促使他进行自然主义者的实践。他用充满诙谐的笔法描绘出了这张十分有趣的素描（见本页上左图）。在这幅素描中，他的那副大眼镜衬托出了身体的赤裸。而在右边这幅素描中，围裙丝毫无损于伊冯娜所具有的魅力。

些更加复杂的形式、这些变形的物体表现出的是一首首新抒情诗。女人的身体也逐渐地进入他的创作中。那些雕塑般宏伟、刚健的笔触，让人不禁联想到与莱热或是毕加索的某些相似之处。

在这个阶段，已经蜕变成勒·柯布西耶的夏尔－爱德华·让内雷找到了一种全新的对自然的阐释方式。从今以后，自然将会屈从于一种秩序和严格。这是勒·柯布西耶作品的特性，体现在他各式各样的作品当中。勒·柯布西耶的绘画所经历的漫长路程代表着一种艰难的成熟："绘画是一场恐怖的战争，紧张、残酷无情、没有旁人在场，是艺术家和他自己之间的对决。这场战争发生在内部、在里面，外面是看不见的。"

《新精神》（*L'Esprit nouveau*）杂志

费尔南·莱热与夏尔－爱德华认识了诗人保罗·德尔梅。他们在一起创办了一本名叫《新精神》的杂志。这个名字看起来似乎是借鉴了阿波利奈尔于 1917 年举办的一次名为"新

Le Corbusier

在他诸多的素描、雕刻、油画、挂毯、搪瓷以及城市规划作品的背后，勒·柯布西耶的追求始终如“没有纯粹的雕刻家、画家或是建筑师。所有的造型都只在一种形式中实现和完成——一种服务于诗的形式”。他在绘画中看到了他的建筑的“秘密实验室”，于是他投入了大量的时间和精力。从1928年开始，他逐渐摆脱了纯粹主义的原则。通过一些他不断重复采用的主题，例如女人、公牛以及圣像，逐渐投射出一种新的影像——不再如从前那样平静与理性，而是更加的猛烈和富于情感。这里我们可以看到他作于1929年左右的《两个坐着的、戴项链的女人》（见左页）、作于1928年的《女士·猫·茶壶》（本页上图）以及作于1932年的《阿卡松的女钓者》（本页下图）。在这些图画中，色彩更加鲜活，反差更加强烈，形式也更加多变。在表现内容方面，他引入了更多的自然因素——用他自己的话来说，就是“唤起诗意的物体”。然而，他的绘画作品在诸多方面都体现出了其作为建筑师的特征：笔法的刚劲有力、布局的别致、对比例的打破以及躯体的变形，这些特征达到一种艺术的不朽。

（上图）帕特农神庙，公元前 600 年到公元前 550 年。
（下图）《机动生活》（*La Vie Automobile*）的印版，安贝尔（Humbert），1907 年。

精神与诗人们”的讲座。

从 1920 年创刊到 1925 年停刊，杂志一共出版了 28 期。阿道夫·路斯、伊利·法瑞、阿拉贡、科克托在上面发表了一些文章。但大部分内容都是费尔南·莱热和夏尔－爱德华自己撰写的。他们用不同的笔名署名，想使别人认为这本杂志有比实际上更多的作者！就是在这个时期，夏尔－爱德华开始正式采用勒·柯布西耶这个笔名。

对于勒·柯布西耶而言，《新精神》同时具有三重功能：一个表达的途径；一种挑战的手段；一种助其思想成熟的体系。勒·柯布西耶常使用新鲜的比喻和具有冲击性的用语，这些都显示出了他超越于他那个时代的卓越的表达禀赋。为了更好地宣扬机械、轮船、飞机所具有的力量和美，他将文字与照片结合在了一起。

自称为“国际美学杂志”的《新精神》，意图在工业革命的潮流中定义艺术与建筑。对于建筑，这本杂志更感兴趣的是其功能，而非具体的建筑用的物体。它推崇“标准化”这一概念。因为这一概念无论是在形式上还是组织结构方面，在回应人们需求的时候，都具有相对一致的意义。《新精神》高度赞扬机器是一种计算和实用创造的“典范”；它以一种常常具有启发意义的方式，将建筑作品与现代工业生产结合在一起。《新精神》还捍卫这样一种思想：建筑创作应该与工业创造经历同样的步骤。

走向新建筑

1923年，勒·柯布西耶的《走向新建筑》一书出版。这本书汇集了他曾经在《新精神》杂志上发表过的十几篇文章。《走向新建筑》将在建筑史上留下深刻的烙印。这本被翻译成多种文字的论文集，给建筑家带来极高的声望。那些在未来岁月中指引他思想的基本内容已经清楚地体现在了这本书中。他宣称随着新的社会、经济和技术条件的出现，一个新的时代已经开启了。建筑应该以工业为榜样，来回应这新的现实。如果说建筑是通过体和面而被感知的，那么建筑师就应该回归到那些更加美丽也具有更多可读性的、原始的初级形式中去。这种回归是借由一种存在于草图当中的极大的严格性来实现的，而这样的严格又是由“对抗任意的基准线”提供的。最后，勒·柯布西耶着力强调了建筑相对于建造的独特性：如果建筑物需要使用工业技术以“建造一系列的房屋”的话，那么（因铁和混凝土而骚动不已的）建筑性的创造就不应该只停留在技术上，而应该“利用粗糙的原料，建立一些动人心弦的关系”。

L'ESPRIT
NOUVEAU

《走向新建筑》一书大受欢迎。勒·柯布西耶在这本书里展现了他所具有的惊人的表达天赋。这在他那个时代、那个领域里是非常少见的。其他建筑和城市规划的专家极少有人能够如勒·柯布西耶一般自我表达。如同他的其他大部分著作一样，《走向新建筑》也是以勒·柯布西耶自己为原型。尽管书中关于建筑性生产的条件在当时引起了不少的骚动和争论，这部著作仍然保留了极大的影响力并拥有为数众多的读者。

创造的一个原则

在勒·柯布西耶那里，研究总是滋养着对现实项目的设计。而后者，通过它们所实现的试验，又推动了其他理论研究的进展。勒·柯布西耶所撰写的大量著作都证明和丰富了这一原则，它们对规划和实践、研究和应用之间的互动关系进行了总结。

尽管勒·柯布西耶于1920年至1930年间，为富裕阶层建造了一系列的别墅，但是对于他而言，建筑师所承担的社会角色，首先还是为人们提供庇护之所，以及建造城市。“我的职责，我所苦苦追寻的就是尝试着使今天的人们脱离痛苦、摆脱灾难；就是尝试着使其置身于幸福、日常的快乐以及和谐之中。与此密切相关的就是重建或者建立人与环境之间的和谐。”

在1922年的别墅大楼计划中，勒·柯布西耶努力调和个人与社会生活的双重需求。如上图所示，120个“重叠的别墅群”在提供了舒适的居住环境（起居室的空间有两层楼高，每户都拥有私人花园）的同时，也便利了公共服务。下图所示的雪铁龙住宅显示了勒·柯布西耶建筑风格中具有实验性的基本模式。

别墅大楼（*Immeuble-villas*）

1920年，勒·柯布西耶完成了其第一个经济型建筑设计规划，这就是雪铁龙住宅。在这一设计中，对于理

性和简洁的追求被推向了极致，从而有利于工业化的批量生产。1922 年，勒 · 柯布西耶借秋季沙龙的机会，展示了别墅大楼的设计。他在其中所要寻求的，是针对一些家庭的需要，使私人居住空间的创造和公共空间的规划协调一致。通过这一设计，勒 · 柯布西耶表达了对那些位于郊区的独立小屋住宅区的反对态度：这些住宅区不仅没有公共服务设施，而且还占用空间,交通也不便利。别墅大楼折射了年轻的夏尔-爱德华 · 让内雷于 1907 年在意大利游历艾玛小村舍时的发现。

这一发现的中心思想就是："城市应该在精神和物质两个层面上，保证个体的自由并有益于集体的活动。"正是在这一思想的指导下，20 多年后的勒 · 柯布西耶发展出了居住单元的模式。

建于 1925 年的新精神展馆（Le pavillon de l'Esprit nouveau）是一次建筑的宣言和示范。在居住部分，呈 L 形的别墅大楼楼体环绕着一个内部花园。与"装饰艺术"传统针锋相对，勒 · 柯布西耶安放其间的是用曲木或金属批量制造的家具。至于储物设施，则只是一些简单的漆木架子。新精神展馆还展出了勒 · 柯布西耶、胡安 · 格里斯（Juan Gris）、费尔南·莱热、阿梅代 · 奥赞方以及雅克 · 利普契兹（Jacques Lipchitz）的绘画和雕塑作品。在城市规划部分，勒 · 柯布西耶和皮埃尔 · 让内雷展现了一座巨大的城市规划的立体模型。新精神展馆在展览（即 1925 年在巴黎举行的国际装饰艺术展。——译者注）结束后即被拆毁了；另一座基于同一理念的大楼，于 1977 年修建在了意大利的博洛尼亚。

在勒·柯布西耶所作过的关于巴黎的城市规划作品中，无论是那些所谓的“理想化”的设计[如下图所示的“一座300万居民的城市设计图”以及“瓦赞方案”（Plan Voisin）]，还是那些相对更加现实的设计（如左图所示的作于1937年的设计，以及其他大量的更有针对性的设计图），都没有被付诸实施。他给欧洲其他城市、非洲及美洲城市所作的规划也都遭遇了同样的命运。硕果仅存的只有位于印度北部的昌迪加尔。规划中所显示的那些极度的野心、幻想性以及颇具挑衅的表达，都使勒·柯布西耶的设计在政治当局眼里显得难以接受。此外，这些规划的外观太过形式化，也使其失去了确立可行性的必要的技术、经济和法律分析的可能。

新精神展馆

1925年，巴黎国际装饰艺术展在荣军院广场、亚历山大三世桥以及大小宫殿周围铺陈开来。它意味着建筑以及装饰艺术同新艺术之间的分道扬镳。不少具有革新精神的建筑师在这里找到了自我表达的机会。马莱－史蒂文斯（Mallet-Stevens）建造了旅游展馆和法国展馆；托尼·加尼埃（Tony Garnier）建造了里昂城市展馆。勒·柯布西耶则建造了新精神展馆——名副其实的建筑与艺术宣言。展馆的一个部分，是由别墅大楼型的住宅组成的。另一部分，作为住宅的延伸，是勒·柯布西耶和皮埃尔·让内雷城市规划作品的展示。

城市规划的庞大计划

在城市规划上，勒·柯布西耶从没有停止过深化理论研究、创作新的设计和著作。在 1922 年的秋季沙龙上，他发布了“一座 300 万居民的城市设计图”。其立体模型占地 100 平方米左右。通过理论研究，建筑师着意揭示了巴黎城市规划的现实困难。他提出了颇具震撼性的 4 个基本原理：

1. 减少城市中心壅塞；
2. 加大城市中心密度；
3. 多样化交通方式；
4. 增加植被面积。

如果说为 300 万人的当代城市而做的规划尚未明确地涉及巴黎，那么 1925 年的“瓦赞方案”则是为巴黎量身打造的。方案名称来源于加布里埃尔·瓦赞（Gabriel Voisin），这位汽车和飞机制造商为勒·柯布西耶提供了支持和赞助。从 1930 年开始，勒·柯布西耶在对“光辉之城”（Ville radieuse）的研究中，放弃了“当代城市”的同心结构方式，而倾向于一种线性的组织形式。城市功能区仍占据了重要位置，但不同的活动区域之间的关系不再是相互围裹，它们沿着交通主轴层层叠起，而这些交通主轴又根据不同的车辆流动速度被分配为两个不同的部分。从此，勒·柯布西耶开始着手进行一

如这幅会议速写（见上图）所展示的那样，“一座 300 万居民的城市设计图”是一个理论性的方案。然而它所揭示的那些主要原则却深刻地影响了现代城市规划师们的思考。这些原则是：有序化城市的不同功能；等级化交通；将土地空出以利于公园和体育场所的建设。

系列最后演化至“7V”系统的研究。“7V”系统在昌迪加尔的城市规划中得到了全面的应用。

然而，为巴黎定做的“瓦赞方案”却不是一个实用的计划。1937年的“巴黎方案”在迈向了一个更加注重实效的阶段的同时，完全保留了强烈的革新首都的野心：中心商业区和辐射向法国各地区的强有力的交通网络。

纯粹派别墅

1920年至1930年间，勒·柯布西耶在努力成为城市建筑师和一种新的社会居住形式的缔造者的同时，并没有放弃他建筑师的角色。在此期间，为了适应关心现代艺术和建筑革新的客户群的要求，他花费了大量的时间研究和建造相应的别墅。在他设计完成的20余个方案中，有16个得到了实现，其中大部分至今保存良好。勒·柯布西耶此时的客户都来自颇为殷实的家庭，其中一些人，如利普契兹、奥赞方、密斯恰尼科夫、泰尔尼西安和普拉尼克斯为艺术家；另一些人，如库克、拉罗什以及斯坦因则为艺术品的爱好者和收藏者。这批别墅中的大部分都坐落于巴黎西部或郊区：奥德耶（Auteuil）、布洛涅（Boulogne）、拉瑟尔圣克卢（La Celle-Saint-Cloud）、格拉西（Garches）以及波瓦西（Poissy）。

尽管存在着诸多地理位置方面的限制，如土地的不足以及周边环境的束缚，这些形式各异的别墅还是强有力地表达了建筑师

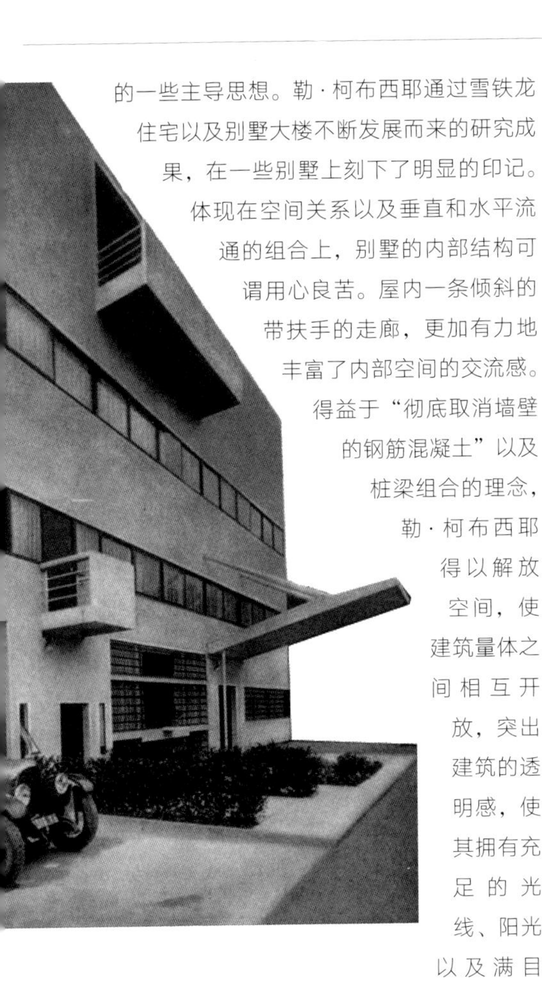

的一些主导思想。勒·柯布西耶通过雪铁龙住宅以及别墅大楼不断发展而来的研究成果，在一些别墅上刻下了明显的印记。体现在空间关系以及垂直和水平流通的组合上，别墅的内部结构可谓用心良苦。屋内一条倾斜的带扶手的走廊，更加有力地丰富了内部空间的交流感。得益于“彻底取消墙壁的钢筋混凝土”以及桩梁组合的理念，勒·柯布西耶得以解放空间，使建筑量体之间相互开放，突出建筑的透明感，使其拥有充足的光线、阳光以及满目绿树。起居室通常占据两层空间。所有的布局都是为了有利于“建筑散步”和阅读那些在“行走和奔跑”的建筑。有两处别墅尤其值得我们为之驻足：拉罗什－让内雷联体别墅（la double villa la Roche–Jeanneret）与萨伏伊别墅（la villa Savoye）。它们是勒·柯布西耶20世纪20年代末思想的经典体现。

于1928年建于格拉西的斯坦因－德蒙自（stein–de Monzie）别墅（如上图与页间图所示），又称“大露台”，是勒·柯布西耶为两个独立的家庭设计的。在这一极端简洁的量体中，体现着他的双重计划。设计方案展示了对于建筑的流动性和明快感的刻意追求。建筑师极其严格地从建筑的内部组织方式出发来规划建筑的表面形式，无论是钻孔的位置，还是凉廊与凸肚窗的安排，都遵从于基准线有序、严格的定位。长条窗占据了主导地位，屋顶露台与立面组成了灵动的尖脊。墙壁光滑平整，没有任何的起伏不平。这些原则也同样体现在了勒·柯布西耶于同一年设计的另外一所别墅（见40页上图）上，这便是位于阿弗莱城（Ville–d'Avray）的切齐别墅（villa Church）。

拉罗什－让内雷别墅

拉罗什－让内雷别墅位于巴黎奥德耶街区一条死胡同的尽头。胡同两边，簇拥着一些小屋和花园。这座别墅由两座建筑物构成，分属不同的业主；然而两座建筑物被连接在同一个量体之中，人们难以从建筑物表面察觉其分界线。

独身的银行家拉罗什，爱好收藏立体主义者和纯粹主义者的作品。他恳求勒·柯布西耶为他建造一栋专门用于展示其藏品的别墅。而让内雷别墅部分的建造目的却与此迥异：这将是勒·柯布西耶的兄嫂阿尔贝·让内雷、洛蒂·拉福（Lotti Raaf）夫妇以及他们的两个女儿日常起居之地，因此，让内雷别墅的组织形式必然比拉罗什别墅更加传统。至于别墅内不同功能的布局，采用了所谓的“颠倒方案”：卧室在二层，而饭厅和起居室则位于三层。这样，就可以直接从这些主要房间进入屋顶花园。

在拉罗什别墅的设计上，勒·柯布西耶着意凸显的是用于展示绘画作品的陈列室。这个凸肚形的艺术走廊兀立于地面之上，一条倾斜的长廊沿着陈列室的一侧缓缓延伸，将陈列室与二楼的房间连接在一起。别墅的主入口是一个与整个建筑物等高的前厅，顶部的凉棚与三面环绕的聚光灯架营造了多重视野。“建筑散步”同时在两个层面呈现出来：既是足部的，也是眼部的。右图所示的是相对私人化的阿尔贝·让内雷的客厅。

萨伏伊别墅

于 1931 年竣工的萨伏伊别墅，是应一个保险经纪人家庭的要求建造的。它位于摆脱了周边束缚的一片广阔的土地中间。勒·柯布西耶投射在这一纯净的水泥棱柱之上的，是真正意义上的建筑宣言。建筑于一系列纤细桩基之上的萨伏伊别墅，是依照严格的网状结构组织而成的："别墅犹如悬浮在空中的盒子，周边被雕琢出连绵的长条形窗户。"二战期间，别墅饱受摧残。20 年后，它又面临着被征用和拆毁的威胁——人们想要在这里建一所中学。然而，在"最后时刻"，由于广泛的国际关怀，萨伏伊别墅于 1964 年被安德烈·马尔罗（André Malraux）划归为历史古迹（尽管它的设计者当时依然在世），因此才得以幸存。

位于波瓦西的、被称为"纯净时光"的萨伏伊别墅，是真正意义上的建筑宣言（见下页）。人们可以在这里找到建筑师全部的"语汇"。然而其言语与示范的能量在这里达到了如此密集的程度，以至于我们不能将其解释为"新建筑的五个特点"的简单应用。从别墅的主要房间就可以进入内部的屋顶花园。一条通向屋顶日光浴场的走廊，被挡板式的防风墙围绕。"建筑散步"一词在这里，在非比寻常的、前所未有的广度上，发挥了其全部的内涵。

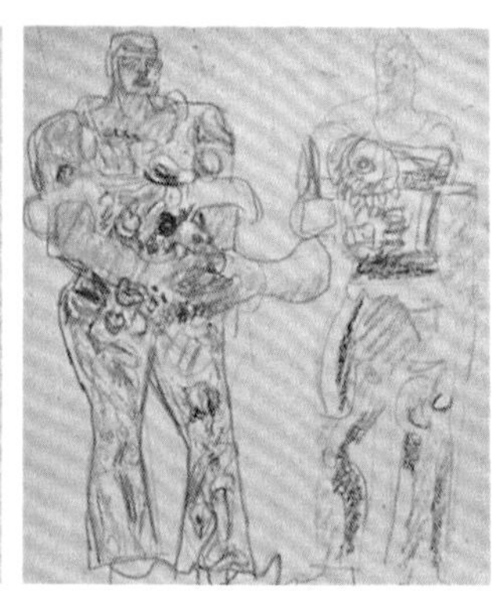

对于勒·柯布西耶而言，水泥是与石头一样“自然”的东西。对于这种材质，他有着极其敏锐的感觉：坚实、稠密、颗粒感、粗糙或光滑感。他常常会去描绘一件正在施工的作品：或者为了改正、补充某个细节；或者为确定下一个作品的某一元素；或者只为消除他自己的某些疑虑。他非常喜欢结识那些参与施工的工人。从他的《走向新建筑》开始，他便“把工程师捧上了天”。“工程师们健康并坚强有力，活跃并注重实效，有道德感并令人快乐”；而“建筑师们则是魅力不再、无所事事、爱说大话或闷闷不乐的”。如果说建筑被制造出来是为了令人感动的话，那么建造则只是“为了支撑”。他期待通过工程师与建筑师之间不懈和友好的对话，通过连接这建筑艺术的左右手，能够带来一种新职业的飞跃性发展。上图所示的是《工地上的两个男人》（*Deux Hommes sur un chantier*）以及《工程师与建筑师》（*L'Ingénieur et l'architecte*）。

工作就是呼吸

建筑师、城市规划师、画家、作家，勒·柯布西耶显示出一种异乎寻常的工作能力。这首先要归功于养育他的汝拉山。从他青年时代起，这里就给予了他许多坚实的品质。与此同时，也要归功于勒·柯布西耶极其严格的工作组织形式及其崇高理想。“工作不是惩罚，而是呼吸！呼吸是一种格外有规律的功能：不增强，也不减弱，却是不断的。”此外，勒·柯布西耶的工作能量也是建立在一种创作需要上的。“至高至真的愉悦便是创造。”在欧洲大陆、北美和南美各地，他不断地结识朋友、开办展览、进行旅游以及举办巡回讲座。尽管他拒绝授课，却喜欢在公众场合讲演并展示他的想法。在讲演的过程中，他会用事先准备或临场发挥的图表来阐明话语。1928 年，勒·柯布西耶第一次访问苏联。接下来的 1929 年，他在布宜诺斯艾利斯和里约热内卢分别做了巡回讲演。1935 年，他第一次访问美国。刚到纽约，他便让当地媒体惊愕不已：他毫不客气地宣称曼哈顿的摩天大楼都太过矮小。这既不是他心血来潮的俏皮话，也不是有意挑衅。他只是如实表达了他对于现代城市贸易中心的看法：必须要通过建造摩天大厦来增加城市中心的密度，以便更好地

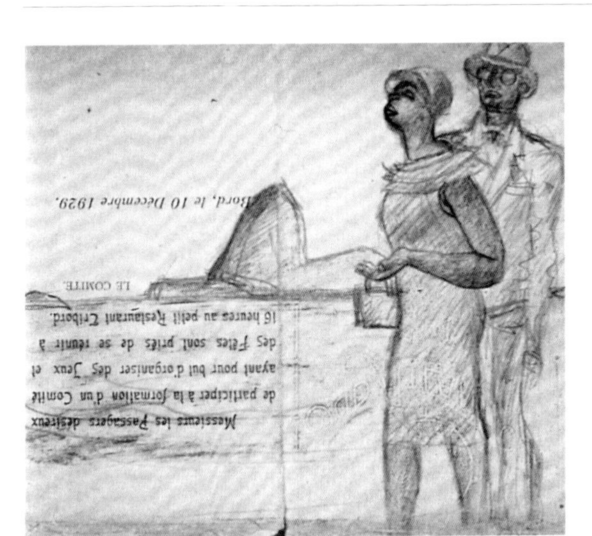

将它们置于广阔的公园之中。1937 年，在一本专门为美国所写的专著《当大教堂是白色时——在怯懦者的国度游历》(*Quand les cathédrales étaient blanches—Voyage au pays des timides*) 中，他再一次重申了这一观点。

1929 年，勒·柯布西耶第一次在南美旅行。在“恺撒号”大型客轮上，他结识了约瑟芬·贝克 (Joséphine Baker)。早在 4 年前，巴黎的《黑人杂志》(*La Revue nègre*) 就对她进行过报道。勒·柯布西耶为这位被他称为“内心澄清的约瑟芬”画了好几幅素描和肖像画，线条简洁却意义丰厚、动人心弦。

波尔多商人亨利·富吕叶通过制糖业发家致富。他通过阅读《走向新建筑》发现了勒·柯布西耶。他请柯布西耶为他在波尔多设计了一处住宅，此后还有两处工人聚居区的建造：在莱日建造 7 座房屋，贝萨克 53 座。下图所示的，是贝萨克的样板屋。

莱日 (Lège) 与贝萨克 (Pessac)，两组社会住宅群

工业家亨利·富吕叶 (Henry Frugès) 在波尔多附近拥有一家食糖精炼厂。他极喜爱现代艺术，本人也是一个业余画家。1923 年，他向勒·柯布西耶定制了两组给工人的住宅群，一处在莱日，另一处在贝萨克。在这里，建筑师将有机会检验他关于社会住宅和居住群方面的诸多设想。

在贝萨克，勒·柯布西耶实现了53座住宅。这些住宅或是并排连接，或是成群并置但相互独立。所有的房屋都是用规格相同的建筑基础构件组造而成的。勒·柯布西耶在此发展了他关于建筑外部多彩装潢的研究：通过在建筑物正面和山墙上组合白、蓝、绿、棕色，达到使建筑物整体更加有序和活跃的目的。尽管由于对“水泥规则”掌握不足而带来了一系列的技术难题，尽管存在相当的资金困难，亨利·富吕叶还是异常持久地支持了勒·柯布西耶的工作。

从一个基础模型出发，以5米宽的正方形开间为其构思的基础，柯布西耶在贝萨克创造了4种类型的相互连接却外形迥异的住宅。设计的实现过程中，遭遇了大量的技术和资金困难。后来，由于众多业主的意愿不同，柯布西耶最初的设计变得面目全非。这些住宅的整体，变成了被重新修复的对象。右页上图为柯布西耶在贝萨克。

哥西奥（Corseaux）的小房子

1924年至1925年间，在日内瓦湖畔小城沃韦（Vevey）附近的哥西奥，勒·柯布西耶为他的父母修建了一座“小房子”。“小”是就其占地面积和投资而言的。柯布西耶的父亲于1926年去世，只在“小房子”里度过了一年的时光。而柯布西耶的母亲，这位“充满勇气和信仰的”“被孩子们的景仰和热爱环绕着的女人”，却在这里一直居住到1960年。这一年，100岁的她，被突如其来的死亡夺去了生命。

两座宫殿：两次失败

勒·柯布西耶于 1927 年和 1931 年，分别为日内瓦国际联盟（Société des Nations）大楼以及莫斯科的苏维埃宫做过设计。然而，它们都没有实现。

柯布西耶与皮埃尔·让内雷为国际联盟大楼所做设计

“湖就在窗前 4 米远的地方……目之所及的是约 300 米见方的范围。这个面积中等的地方却拥有着不可比拟、不可剥夺的美景……房子的高度是两米五，像是一个躺放在地上的盒子。初升的太阳透过房子一端的、倾斜的灯笼式天窗洒进来，然后整个一天，阳光都会萦绕在房子前。市镇议会的一些人认为这样的建筑犯了‘违反自然’罪，害怕有人会紧随其后，于是规定不许任何人效仿这样的建筑。”（勒·柯布西耶，1954 年）。左图所示为“小房子”正面。

从 377 个候选设计中脱颖而出，跻身于参加最后角逐的 9 个设计的行列。然而评判委员会最终以柯布西耶提交的是设计图的印刷品而非原件这个借口，排除了他的设计。柯布西耶和皮埃尔的设计从各个角度来看，都经过了细致的研究，具有极其引人注目的创新性：与周边环境的和谐、功能性、可进入性、建筑音质……然而，由几个对现代建筑毫无所知的外交家及捍卫学院传统而忽视创新的建筑家组成的阴谋集团，轻而易举地就将它扼杀了。柯布西耶被这第一次影响巨大的挫败深深地伤害了。在他后来的数篇文章中，他陆续表达了他的痛苦和悲伤。1928 年，在他出版的《一座房子，一座宫殿》(*Une maison,un palais*) 一书以及《走向新建筑》的第三版序言中，他都宣泄了他的愤怒："我们曾经向日内瓦呈交了一座现代宫殿；啊，然而这是一个怎样的丑闻！……我们的'好'联盟期待着一座宫殿，可对它而言，真正的宫殿只是蜜月旅行途中看到的那些王子的、枢机主教的、总督的或是国王们的宫殿残留的印象！"

苏维埃宫的设计图（如下图所示）是围绕一个轴心发展起来的宏大构图。在它的两极，坐落着两座大厅。一道雄伟的拱支撑着大会议厅的屋顶。

至于苏维埃宫，源于苏联政府的一次招标。这座宫殿计划建在克里姆林宫附近。勒·柯布西耶与皮埃尔·让内雷设计的主导元素是两座巨大的大厅：一间可容纳 15000 个席位，另一间 6500 个。这两个大厅位于

极其壮观的构图的轴心两极。苏维埃当局一定是被这个计划所具有的现代性吓坏了。如同《真理报》（*Pravda*）1932 年 1 月所揭示的那样："颇具争议的赤裸裸的'工业主义'精神，因为它（宫殿）被处理成了某种大型的代表大会厂棚。"有着国际支持的柯布西耶本来试图通过跟这次竞赛的优胜者左尔托夫斯基（Zoltovskij）妥协而与苏维埃政府签订合同，然而如同在日内瓦一样，他面临的也是挫败。

巴黎、日内瓦和莫斯科：
实现了的设计

1928 年至 1930 年间，勒·柯布西耶与皮埃尔·让内雷也实现了一系列重要的设计。源于一次国际双重竞赛的莫斯科统计中心是一组宏伟庄严的建筑群，由一座曲线形的建筑体和数个棱柱组成。位于巴黎东部的"救世军庇护院"（La Cité de refuge de l'Armée du Salut）矗立在一片狭小的地面上。它包括三大部分：餐厅、住宅和工作场所。在最初的设计中，主体建筑的正面是由双层玻璃隔板做成的巨大的封闭墙面。柯布西耶将之称为"起中

1923 年，日内瓦向国际联盟提供了一处可供其修建宫殿的土地。一次国际性的招标由此展开。国际联盟决定将设计的选择权委托给一个由 9 名建筑师组成的评审委员会。勒·柯布西耶认为这次竞赛是使自己在国际上得到官方明确认同的机会。他的总体构图（如左图所示）在现代建筑的表达方式中融入了一些古典的要素。整个设计充满了他的设计语汇：自由平面（plan libre）、桩基、长条形窗、平台。在排除了勒·柯布西耶与皮埃尔·让内雷的设计之后，宫殿的建造最后由一组不同国籍的建筑师承担。这一决定是由评审委员会指定的五人外交家委员会做出的。

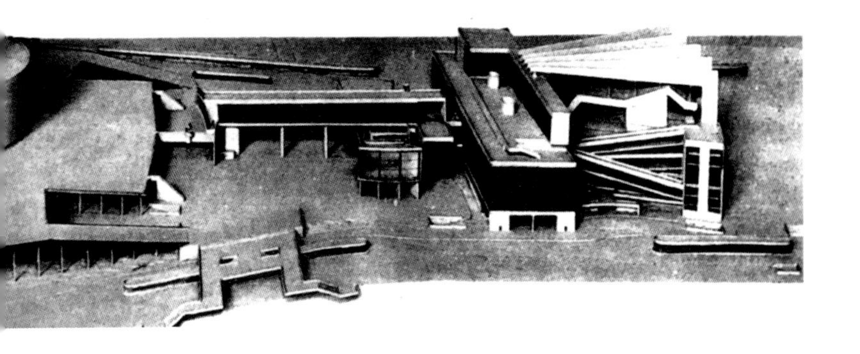

1929年，救世军开始筹划一座新的、可容纳500贫民的收容中心。资助者波利尼亚卡公主（La Princesse de Polignac，1865—1943，19世纪末20世纪初著名的沙龙夫人之一。资助过巴黎20世纪初期众多的艺术创作，以"波利尼亚卡公主"之名闻名于世。——译者注）指定由勒·柯布西耶来负责这项工程。勒·柯布西耶认为这个功能众多的复合工程正是实现他关于社会居住方面诸多设想的机会。他为这座建筑设计了钢筋水泥的桩板骨架和北面的砖墙，而建筑的南面则被设计为覆盖于钢架之上的、没有窗户的近1000平方米的玻璃幕墙。然而，保证南面热效的空调系统却显得难以支撑。于是玻璃幕墙不得不由一些彩色遮阳板后的窗户所取代。建筑入口则由借鉴于大型客轮的柱廊和步行街，以及一座圆柱形建筑组成。后者通过玻璃砖隔板采光。这种隔板是圣戈班（Saint-Gobain）于1928年创造的。对金属、玻璃以及陶瓷的运用，在表现了勒·柯布西耶的同时，也体现了救世军的原则。

和作用的墙"。建筑正面一年四季的通风问题都是通过能够提供"准确空气量"的空调系统来保证的。然而在后来的实施中，一系列的技术和资金问题使柯布西耶很快就放弃了这项设计。

巴黎大学城瑞士楼包括47间学生宿舍和一些服务性房间。这座学生公寓的许多设计和布局，形象地预示了勒·柯布西耶以后将应用于居民单元中的诸多原则。

莫利托（Molitor）大楼位于巴黎和布洛涅交界处，临近布洛涅树林。它采用了钢筋水泥结构和自由立面：整个立面都是玻璃的，并采用了凸肚窗以活跃立面线条。在七层楼顶之上，勒·柯布西耶为自己建造了集居室和工作场所为一体的公寓。在这里，他从1934年一直居住到1965年去世。工作间位于公寓东部。在不旅行的时间里，勒·柯布西耶每天早上都在这里绘画，下午则留给建筑和事务所。

曾经位于日内瓦东南部的克拉尔泰（Clarté）大楼，是应建筑冶金工业家埃德蒙·瓦内尔（Edmond Wanner）的要求设计的。它在如下方面都体现了其实验性：占两层楼空间的起居室在每一套房间中比例可观；强化了标准化、预制金属结构原件以及门框与窗框的探索；玻璃制品的大量使用。

勒·柯布西耶在这里更新了R.H. 特尔诺克（R. H. Turnock）于1890年在芝加哥建造布鲁斯特（Brewster）大楼时所采用的手法，在楼梯的建造上采用了玻璃板。

由于地层中存在石块，大学城中的瑞士楼不得不采取了深地基以及双排桩基的方案。主体骨架位于这些双排桩基上层的水泥板上。建筑的所有元件都是事先在工厂里预制的；隔板和墙壁都是独立于主体骨架的，以保障近50个房间都能拥有极好的隔音效果。大楼的入口和接待处则位于与主体相连的另一个小建筑体中。凹形的楼梯塔由玻璃板墙提供采光。

扎根于巴黎与塞纳河上的布洛涅（Boulogne-sur-Seine）交界处的莫利托大楼，可俯瞰首都全貌。勒·柯布西耶在这里实现了一个自由而透明的立面。包裹其间的，是精致的金属骨架。被漆成黑色的骨架，部分地支撑了突出于建筑体之外的玻璃以及内华达玻璃砖砌成的凸肚窗。在屋顶平台，柯布西耶修建了自己的覆盖以筒形拱顶的住房兼工作室。

巴黎大学城（Cité Universitaire）瑞士楼的诸多支柱解放了地面，从而使自然与被托离地面 4 米高的“建筑盒子”之间的对立凸显出来。

魏森豪夫（Weissenhof）社区及《新建筑的五个特点》

德意志制造联盟致力于艺术、工业和手工业的融合。1927 年，这一联盟萌发了在斯图加特附近的魏森豪夫丘陵上修建一个社区的念头。社区将包括个人别墅和集体住宅，由当时最具创新精神的建筑家们负责设计。整个工程的负责人由身为联盟副主席的建筑家密斯·凡·德·罗担任。除了密斯·凡·德·罗之外，彼得·贝伦斯、奥德、布鲁诺·陶特和马克斯·陶特、路德维希·希尔贝赛默、格罗皮乌斯、维克多·布尔热瓦、阿道夫·瑞丁以及约瑟夫·弗兰克等 15 位建筑家参与了这个计划。勒·柯布西耶在魏森豪夫修建的两座个人别墅都基于与雪铁龙住宅同样的原则。魏森豪夫社区有世界上独一无二的建筑经历。通过不同想法和计划的碰撞，它激发了艺术界和建筑界的大争论。

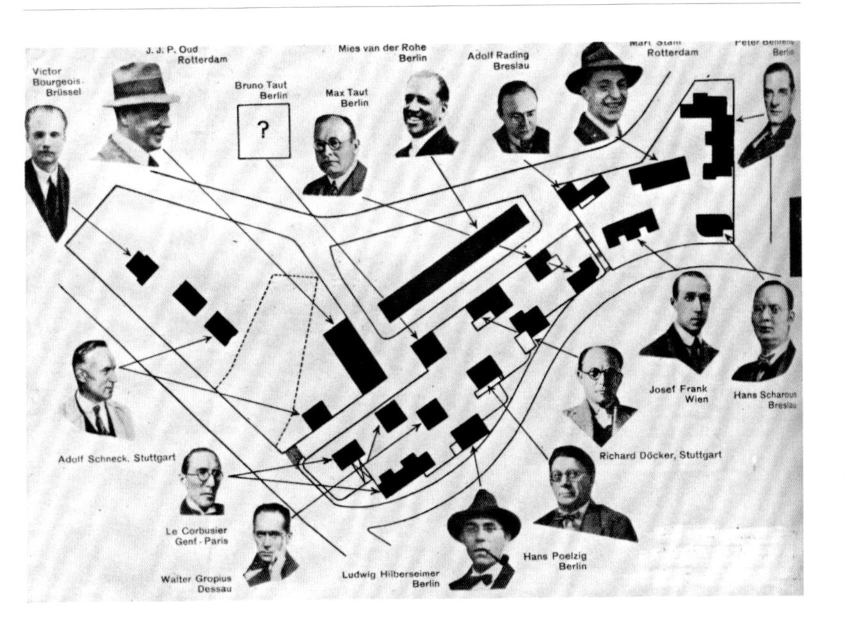

借修建魏森豪夫社区这个机会，勒·柯布西耶发表了他的《新建筑的五个特点》。这无疑进一步激化了争论。在这篇文章中，勒·柯布西耶展示了钢筋水泥给现代建筑带来的财富，这是他数年来通过设计和研究逐渐总结出来的一系列想法。他以一种断然的口气将之概括为以下 5 点：1. 支柱；2. 自由平面；3. 横向长条窗；4. 自由立面；5. 屋顶花园。这 5 个元素每一个都可以独立审视，但它们又是彼此相连的。如此简单地，甚至可以说武断地对《新建筑的五个特点》进行公式化的概括，可能会使一些人感到惊讶，似乎也与勒·柯布西耶自己的建筑尝试相违背：他在涉足每一个新项目的时候，都本着自由和实用主义的原则。与柯布西耶作品的丰富性和多样性相比，这样的概括或许显得单薄。然而这“五点”却很好地表达了在钢筋水泥所提供的结构—形式关系框架中，作为大部分作品基础的一些原则。

勒·柯布西耶在魏森豪夫修建了两座毗邻的房屋，有力地诠释了《新建筑的五个特点》。他还尽其可能地推进了建造的标准化和工业化。柯布西耶打算展示经济化的大批量生产的可能性。同时，他还想证明：标准化元件的组合也可以允许新的美学创造；通过标准件的多种组合，创造者享有极大的自由度。

对这“五点”中的某些元素的建筑实践，最早可以追溯到 30 多年以前。从 1889 年开始，威廉·勒·巴隆·吉尼（1832—1907）在芝加哥建造了莱特尔（Leiter）大楼。这座“有骨架的大楼”没有承重墙，窗户有覆盖整个大楼立面的趋势。彼得·贝伦斯（1868—1940）在柏林 A.E.G. 公司的涡轮机工厂的项目（1909 年）中，释放了

尽管建筑师们还带着迟疑与保留，可钢筋水泥将在建造中找到它的位置。世纪之交，欧洲和美国为数不多的几位创造者推动了一场建筑的革命。此页自上而下的三幅插图分别为贝伦斯在柏林建造的 A.E.G. 工厂（1909 年）；弗兰克·劳埃德·赖特在芝加哥修建的罗比住宅（1909 年）以及威廉·勒·巴隆·吉尼在芝加哥修建的莱特尔大楼（1889 年）。我们将会看到建造逻辑与造型表达重修旧好。由于桩梁和桩板骨架的采用，建造与建筑，终于能够找到恰当的答案，并拥有各自独特的功能。在这场运动当中，通过总结《新建筑的五个特点》，勒·柯布西耶试图设立路标、确定日期并澄清自己的立场。“五点”的价值并不在于它们的创造性，而在于将它们如此充满活力地紧密联系在一起，在于这种公式般的明晰。

内部空间并使玻璃占据了立面的主体。弗兰克·劳埃德·赖特（1867—1959）曾通过建筑体的相互渗透，寻求空间的流动性：不同高度的天花板、水平线的表达力度、带状窗的横向延伸。当格罗皮乌斯（1883—1969）于1911年在阿尔费尔德建造法古斯（Fagus）鞋楦厂，在德绍（Dessau）建造包豪斯（Bauhaus）大楼时，他完全没有利用任何的承重墙；建筑的主体结构缩进建筑内部并保持了相对的独立性，因此立面得以采用玻璃幕墙，转角也显示出了极大的自由性。由泰奥·凡·杜斯堡于1917年在荷兰创立的风格派（De Stijl）群体，发展了关于房屋的统一性以及平面和立面相互渗透的观念。吉瑞特·里特维德于1924年在乌特勒支建造的施罗德住宅，便以一种光彩夺目的方式具体化了这些观念。至于密斯·凡·德·罗（1886—1969）则发掘了钢筋水泥在释放内部空间、建筑体相互渗透、内外部交流以及透明性方面所有的可能性。在透明性方面，尤其引人注目的是其1919年至1921年开始的透明摩天大楼计划以及1923

桩以及它所支撑的梁或平板构成了足以消除墙壁和自由结构内部分隔的独立建筑骨架。这就是“自由平面”：空间相互渗透以及每一层楼拥有不同组织方式的可能性。正是由于建筑骨架的独立性以及平面的自由性，立面得以自由地组织起来：其结构和隔离都是独立的。“屋顶花园”提供了一个向空气、光线以及阳光开放的自由空间。上图所示的是位于嘎尔什(Garches）的斯坦因（Stein）别墅大厅的自由平面。

年的“乡村住宅”计划。在魏森豪夫，他建造了一座公用建筑，其钢化结构使真正的自由平面得以实现。

住所设备

对于勒·柯布西耶而言，居住空间的布置应该考虑到各个层面：国家、城市、房屋以及其内部“设备”。他倾向于选择越来越简单的家具。他想要把家具还原到其最基本的、本质的功能。桌子、椅子（包括扶手椅、长椅等）以及床都应该回应生活必需的功能，适应人体的需要。至于那些用于整理物品、书籍、器皿以及衣物的家具，简单而大众就足以满足需求。此外，勒·柯布西耶并不以“家具”来命名这些物品，而代之以“住所设备”。

在那些纯粹主义的别墅中，他尽力引领他的客户们使用平常的、不知设计者的家具。因此他大量采用多雷（Thonet）的曲木座椅。同时，他还着手进行符合设备严格要求的家具设计，这所谓的“要求”是相对于家具自身的功能、与建筑的关系以及工业化生产而言的。他发明了“卡西尔”(即格子)，它们可并置，可叠放，能够并入建筑之中。1926年至1930年间，几位建筑师和设计师开始利用钢管来制造某些家具的金属结构。1926年，埃里·格莱（Eileen Gray）发明了“可调节的桌子”，布劳耶（Breuer）发明了扶手椅。1927年，密斯·凡·德·罗和马特·斯塔尔姆（Mart Stam）在魏森豪夫推出了金属结构的家具。勒·柯布西耶与皮埃尔·让内雷

夏洛特·佩里昂在勒·柯布西耶的带领下远离了传统的装饰艺术。她于1927年至1937年间以及后来的1950年，与勒·柯布西耶和皮埃尔·让内雷进行了合作。

勒·柯布西耶将家具带回其最基础的功能。这些“住所设备”在审美和精神上都与纯粹主义建筑相符合。勒·柯布西耶不时自己装饰这些别墅（上图所示为切齐别墅中的书房）：扶手椅、桌子、“卡西尔”……线条的极度简化与结构、材料的简洁紧密相连。

以及夏洛特·佩里昂（Charlotte Perriand）于1928年制成了他们将用于装备切齐别墅以及拉罗什别墅的一系列完整的家具。

夏洛特·佩里昂于1927年10月加入了塞弗尔街的建筑师事务所。她与“卡西尔”一起，在1929年的巴黎秋季沙龙上崭露头角。“卡西尔”的力量在于其结构的极度简化以及与其他元素之间的简单关系。由多雷工场率先制造的“卡西尔”，后来逐渐成为经典之一。

今日装饰艺术

1925年，勒·柯布西耶出版了《今日装饰艺术》一书。在书中，他陈述了他对适宜于被称作“装饰”的物件的看法。书的插图想要制造令人吃惊的，甚至令人震惊的效果。一个带脚的坐浴盆揭开了展示的序幕。机身、电涡轮机以及瓦赞汽车与路易十五时期的五斗橱相映成趣。这里面所包含的信息是清晰甚至尖刻的：对于勒·柯布西耶而言，所有这些围绕在人们周围的用品都是人类的仆人，应该苛求它们的精确性以及一种朴实的存在方式。他抨击对于过去的崇拜，弃绝认为经典都在博物馆的想法。于他而言，民间传说只在其允许突破创造和使用逻辑的时候，才是值得关注的。勒·柯布西耶不无挑衅地宣告了“希波林律”：“每个公民都应该以一层希波林白漆取代他们的帷幔、花缎、壁纸以及镂花模板。我们洁净了自己的家之后……才能洁净自己。”

这本书的教谕以如下令人震惊的理念表达出来：“现代装饰艺术没有装饰。”在勒·柯布西耶看来，物品的完美来自技术和经济的限制。如果说他已经扬弃了“超越于实用物品之上”的建筑功能主义的概念，那么在工业化制品这一点上，他似乎又重新向建筑功能主义回归了。

在《今日装饰艺术》一书中，勒·柯布西耶将有用的物品与民俗的、博物馆中的物品对立起来。

国际现代建筑协会

从1928年之后的30余年的时间里，勒·柯布西耶找到了一个特殊的、可以满足他交流思想以及论争需求的圈子。在几个朋友的帮助下，在海伦娜·德·芒多（Hélène de Mandrot）的慷慨资助下，勒·柯布西耶决定聚集一些建筑家、艺术家、艺术评论家和政治家，对建筑和城市规划进行超出行业界限的普遍思考。

这个创举催生了通常被称为C.I.A.M.的国际现代建筑协会。每一届会议都会围绕一个主题。例如：现代建筑的基础；探寻一种新的美学；低租金住房；住宅的集中；城市规划；住宅与娱乐；建筑与美学；新

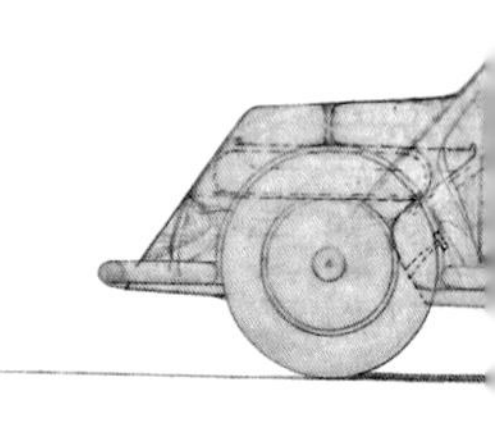

城市与社会中心；城市中心以及人的居住环境，等等。在 1933 年的会议（成果最丰硕的会议之一）期间，诞生了勒·柯布西耶于 1943 年出版的《雅典宪章》（*La Charte d'Athènes*）一书的主要原则：居住、培育体格和精神、工作、交通、保留历史古迹。

上图为 1928 年第一届 C.I.A.M. 的参加者：照片中间是位于海伦娜·德·芒多右侧的勒·柯布西耶。皮埃尔·让内雷在第一排，左起第二。

左图：勒·柯布西耶对汽车有着强烈的兴趣。1925 年，他购买了一辆大瓦赞并经常在自己的建筑前给它拍照。1928 年，他开始着手一项“最小化”的汽车设计项目。这项他于 1936 年重拾的计划有时被称为“最大化”汽车。如左图所示，通过一种简单的方式，提供尽可能好的居住条件。

第二次世界大战以后的数年见证了勒·柯布西耶艺术的充分发展。马赛居住单元将其社会住房的观念具体化了。朗香（Ronchamp）小教堂在水泥的躯体中，表达了精神的飞升。通过他所绘、所雕、所织、所刻的作品，勒·柯布西耶实现了“大部分艺术的综合”。

第四章
绽　放

马赛居住单元展示出勒·柯布西耶的时代艺术及其对同时代人的超越。尽管困难重重，在7年的时间里，他仍然尽其所能地去实现这一项目。因为，对其长期以来关于城市规划和建筑的思考而言，这是关键性的一步。

“二战”爆发了，随即德国军队占领法国。这一切使几乎所有的建筑活动都停止了。1940年，在进行了一些诸如难民木板屋、可拆卸学校的项目以及与让·普鲁韦（Jean Prouvé）的合作以后，勒·柯布西耶决定关闭其建筑师事务所。与妻子和堂兄皮埃尔·让内雷一道，他选择了比利牛斯山的一个小村庄作为自己的避难所。在澳融的几个月时间里，他埋头于写作和绘画。若干年以后，勒·柯布西耶在这个小村庄里描绘的草图成为了 *Ozon* 这本集子里一些图画和雕塑的根源。他以这个村庄的名字命名了这些作品。

1924年9月，勒·柯布西耶在塞弗尔街35号设立了自己的建筑师事务所。这是一座耶稣会的老房子，房间非常大。在房间的一侧，10扇窗户一字排开；房间的另一侧，则是一排绘图员的桌子。事务所的编制起先由皮埃尔·让内雷负责，后来则由安德烈·瓦根斯基接手管理，一直到1956年。数不尽的学生和青年毕业生不断地叩响事务所的大门。他们要求的报酬很少，经常是分文不取，只渴望能够聆听大师的教诲。正是他们将勒·柯布西耶的思想带向了全世界。

在维希（Vichy）的挫折

1941年，勒·柯布西耶受内政部长马赛尔·贝鲁东的委托，在警察局内部执行一项降低失业率的任务。不久以后，他又在国务委员拉图尔尼主持的委员会中任职，专门负责为建筑工业制定行规。

纵观勒·柯布西耶的一生，他总是竭尽全力地求助于各种各样的政治权力以实现其城市规划和建筑计划。但是，

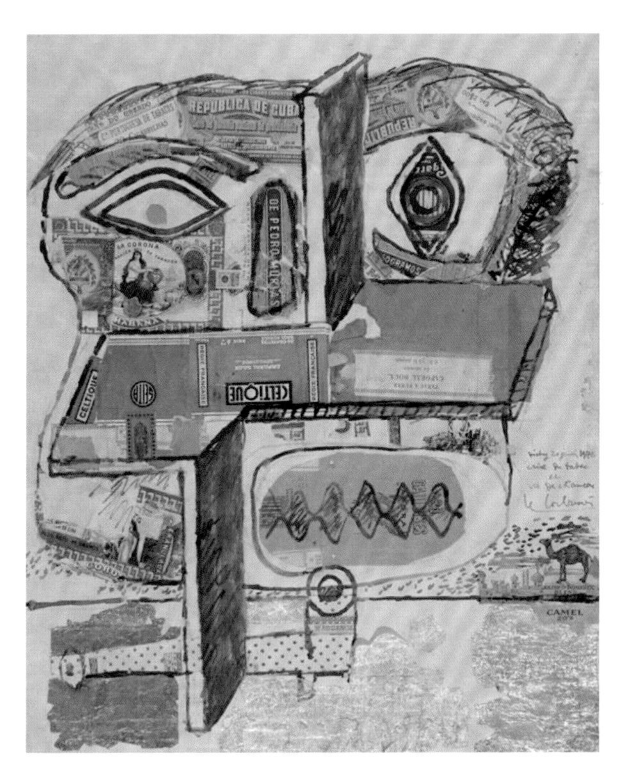

1928年，勒·柯布西耶着手进行一系列造型研究。这些作品日益摆脱了20世纪20年代的严格和透明。他将骨头、根、粗绳等一些“唤起诗意的物体”汇集在一起。他采用人形，在一种新的张力下对立或重叠线、面以及颜色。巨大的女体出现得越来越频繁。大概在1939年到1940年，在其*Ubu*和*Ozon*两个作品集中，他开始大量运用他日后称作“听觉形式”（formes acoustiques）的形象。为此，他有了重拾纯粹主义的主题，并在其雕塑作品中加以应用。其间，无意识创作的部分和超现实维度隐约显现。左图是一幅战争期间在维希创作的粘贴画：《烟叶匮乏以及骆驼的生活》（*Crise du tabac et vie de chameau*）。当时，对食物的缩减和对烟叶的定量配给非常严重。勒·柯布西耶运用了各种各样的香烟和雪茄包装以描绘一张忧郁的面孔，这其中包括著名的以一只骆驼为标识的“骆驼”牌香烟。位于面孔之下的白色烟斗在勒·柯布西耶的纯粹主义绘画中就已经时常出现。

这些与政治界的接触，大部分都以失败告终。他的想法所体现出的革新意味、其计划所表达的野心及其话语的不容分辩，都令那些对现代建筑并不开放的政府要员们感到恐惧。他并不善于外交。右派的人说他是共产党，而左派的人却说他是法西斯分子。然而，他与不同人的大量交往，本身就说明在他与当局的接触中，不带有任何的政治倾向。勒·柯布西耶想要建造和规划城市，因此，他要求那些掌握了这一可能性的人给他支持。1935年，当他撰写《光辉之城》一书时，他将自己的著作题献给了“当局”（A l’autorité）。之后，他更进一步将此作品直接寄给斯大林、墨索里尼、贝当以及尼赫鲁。

异常多产的 10 年

在“二战”后的岁月里，随着事务所的逐渐恢复，在近 10 年的间断之后，勒·柯布西耶同时在三个领域展开了异常丰富的活动：建筑与城市规划、造型艺术、写作。

1940 年 12 月 31 日的法律规定，建筑师头衔必须到当局注册。因此，与奥古斯特·佩雷一样，勒·柯布西耶申请了一种特别许可，即以其引人注目的作品而不是以文凭进行注册。他于 1944 年 4 月 20 日正式注册。

勒·柯布西耶的事务所在几年内实现的项目数量是惊人的。这一事实本身就证明了认为他的“设想多而建设少”的想法是不正确的。

马赛居住单元

1945 年，为了解决当时法国饱受其苦的住房危机，政府决定资助名为

马赛居住单元是一座南北向的大楼，有 330 套不同形式的住房。除了南山墙的住房，其他的都有两个朝向。由支柱两两并排构造成的 17 个柱廊之上，是大厦的钢筋混凝土骨架。下部的支柱保证了通道的流畅性以及生活垃圾的清理。

公寓的入口或设在楼上，或设在通过室内楼梯与楼上相连的楼下部分。房间宽 3.66 米，高 2.26 米，起居室部分则有 4.84 米高。公寓骨架位于一个 4.19 米见方的框架上。建筑单元中所有的尺寸都以模数为基础。

“无个人情感楼房”[immeubles sans affection individuelle (I.S.A.I.)] 的项目。此时任重建和城市规划部部长的，是毕业于巴黎理工学校的拉乌尔·都提（Raoul Dautry）。在他还是铁路管理官员的时候，勒·柯布西耶就已经与他相识了。拉乌尔·都提对于现代建筑持开放态度。他委托勒·柯布西耶为马赛建造一座大楼。

勒·柯布西耶终于有机会实现他酝酿了 25 年的关于住房的思考。这一建设于他而言，包含了四重尝试：居住理念、技术实现、社会研究以及城市规划革新。与郊区的城市花园(cités-jardins)不同，他打算建造一种“垂直的城市花园”（cité-jardin verticale）。这一想法源于他 1922 年对别墅大楼的初步研究。他想要证明，现代建筑技术允许在同一建筑体中满足个体和集体的需求。他对 1907 年在托斯卡纳地区发现的艾玛小乡村一直记忆犹新。他将据此建造一个共形居住体，所有房间的尺寸以及家具的组织都将结合人体的尺寸仔细斟酌。

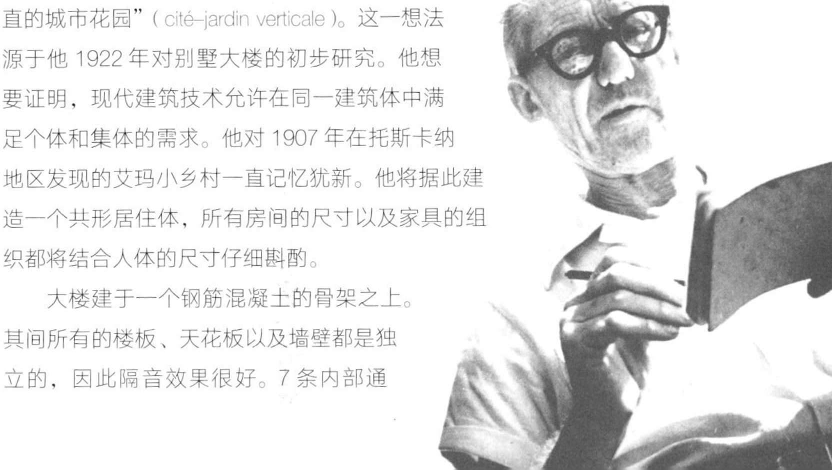

大楼建于一个钢筋混凝土的骨架之上。其间所有的楼板、天花板以及墙壁都是独立的，因此隔音效果很好。7 条内部通

由于支柱支撑了最底层的楼板，地面之上就有了8米的自由空间。至于屋顶平台，则提供了另一种形式的自由。对于勒·柯布西耶而言，它代表了居住单元社会维度的主要元素。位于8层与9层的楼内街是为商店设计的。屋顶平台则设了一间幼儿园、一间健身房、一条跑道、一个环形小剧场以及供孩子们玩耍的“人造丘陵”。它不仅仅是满足了集体的需求，在天空与城市之间，在这样的光线下，勒·柯布西耶重新找到了地中海的气候。他“编写”的屋顶平台，在虚与实之间嬉戏，协调曲与直，使这混凝土的壁画充满节奏。健身房的挡雨披檐、通风管道的烟囱、电梯塔、日光浴场的墙壁、阶梯以及背靠背的板凳，都组成了一个巨大的“听觉雕塑”，其中所有的形体都在视觉上与周围的景色遥相呼应。

马赛居住单元在实现一个“典范”的同时，也是一种实验，尤其从技术角度而言。仅对通风系统的组织和配置、排污以及空气处理等问题本身的苛求，便远远地超出了其时代。不止于此，房间提供的舒适更是非比寻常。公寓的面积超过当时平均数的45%。至于隔音效果，当时的社会住宅还从未达到过如此水平。尽管单元的建造遭遇了许多的困难，激起了许多诋毁，管理部门和建筑家们仍从中汲取了许多教训和经验。另外三个单元也将陆续建造：于1953年至1955年间在南特-雷泽（Nantes-Rezé）修建的单元（左图所示）；1955年至1958年在离梅兹（Metz）不远的布里叶（Briey）修建的单元；1965年至1967年在圣埃蒂安（Saint-Étienne）附近的菲尔米尼（Firminy）修建的单元。此外，勒·柯布西耶还为柏林设计了另外一个居住中心，但是该设计后来并没有由他自己加以实现（1956—1958）。

将不同的公寓连接在了一起，其中的一条配备有商铺和一间酒店。北面的山墙是不透光的，其他三面的公寓都配有阳台。虽然公寓都很深，但整栋大楼的采光却很好，并且可调控。流体网络也是专业研究的结果：所有的公寓都是带空调的。至于装备精良、布局合理的室内布置，是勒·柯布西耶与夏洛特·佩里昂共同设计的。所有的公寓都配有大量的、镶嵌好的格子。通过一间小闸室，货物可以直接从内部通道被送入厨房。

大楼的建造需要预制大量部件，而这项技术在当时尚未被完全掌握。这和其他一些技术困难一起引发了一些令人不能忽视的麻烦和延误。政府方面历尽艰难地解决了一些由“无个人情感楼房”(I.S.A.I.)计划的原创性以及勒·柯布西耶的计划提出的难题，建筑师的许多宿敌，却尽他们所能地阻止计划的实施。因此，整个工程断断续续地延续了5年。在这5年间，第四共和国政治的不稳定性导致了6个重建部部长的更迭。1947年10月，这座被马赛人称作“傻瓜大楼”(l'immeuble du Fada)的工程开始动工，直到1952年10月14日才正式落成。

从社会的角度来看，这项构想绚烂的工程并没有能够满足其创造者所有的期望。大楼落成以后，政府马上开始发售公寓。1954年，这座大楼成了普通的共有财产。公共服务或被中断，或服务很差。由于跟外界几乎隔绝，内部街道的商家难以维持生意；而屋顶阳台上的健身房则成为了私有的。但是从居住环境、建筑技术以及城市规划三个角度来看，这项构想绚烂的工程在其时代仍是一大进步，其成功是不言而喻的。

安德烈·瓦根斯基负责马赛居住单元的具体建造，并很早就开始思考房间的布置问题。20世纪五六十年代，“布置艺术”并没有什么进步。安德烈·瓦根斯基认为室内布置很重要，并惋惜于人们杂乱无章地堆积物品。此时，夏洛特·佩里昂加入到了建造队伍中，并在室内布置的研究中扮演重要角色。夏洛特·佩里昂与勒·柯布西耶的上一次合作可以追溯到1937年。厨房装备在当时是非常少见的：良好的通风、垃圾研碎装置、大冰柜、电子厨具……

朗香（Ronchamp），混凝土的赞歌

在第二次世界大战以后的岁月里，在库蒂利耶神父和雷加米神父的推动下，神圣艺术委员会积极促进了众多带有艺术和建筑创造精神的宗教建筑项目。于 1937 年开始动工，1957 年完工的阿西高地教堂由莫里斯·诺瓦立纳设计，由巴赞、夏加尔、费尔南·莱热、吕尔松以及鲁奥装饰。其间，莫里斯·诺瓦立纳又在奥丁库尔建造了另一座由巴赞、费尔南·莱热以及勒·莫阿尔装饰的教堂。1950 年，马蒂斯构思并装饰了旺斯的罗萨尔小教堂。

朗香圣母小教堂（la chapelle Notre-Dame du Haut de Ronchamp）的建筑部分仅止于最初的草图。无数的“小本本”上的大量速写见证了这一过程：对勒·柯布西耶而言，大概存在一个清晰的形式；然而，建筑本身却是复杂的。不同形式的参考滋养了这一建筑观念，例如，1911 年对位于蒂沃利（Tivoli）的哈德良别墅的参观激发了那些矗立在小教堂上的、塔状的光影变幻。

在朗香，建于 1924 年的新哥特式教堂毁于 1944 年的轰炸。朗香位于贝尔佛山口的丘陵上，置身于孚日山脉广袤和朴实无华的风景中。贝桑松的总主教想让勒·柯布西耶来重建教堂，于是向他急遣了议事司铎勒德尔和弗朗索瓦·马代。与勒·柯布西耶的旧识库蒂利耶神父一起，他们终于说服了建筑师主持该项目。

从第一次实地考察开始，勒·柯布西耶就在他的一

个“小本本”上用铅笔画下了草图。日后的研究都将以此为基础。小教堂是一个复杂的建筑，由很多柱体嵌套而成，但在整体上又是统一的。它充满生机，向围绕它的广阔地平线张开怀抱。小教堂中的凳子和十字架都是由约瑟夫·萨维那（Joseph Savina）雕刻的。与这位布列塔尼木匠一起，我们的建筑师实现了所有的雕刻作品。在小教堂附近，勒·柯布西耶还修建了门卫房和朝圣者住宅。

与勒·柯布西耶其他的建筑作品相比，朗香教堂更具有这样的特征：在外部如同在内部一样，朗香一边行走一边展示自我。“好的建筑在内部和外部‘行走’‘奔跑’。这是活的建筑。”

朗香的平面是以十字架为中心来组织的，但却是非对称的，混凝土柱梁结构支撑着一个大的“空贝壳”或者说“厚机翼”。根据勒·柯布西耶自己的说法，他是受到了螃蟹壳的启发。大壳的材质是简单拆模以后的粗糙混凝土，它极大地超出了墙体，而墙体本身则是呈曲线状，并部分内倾的。修建墙壁的砖石都来源于在战火中被毁的教堂。三个附属小教堂建于主体之上，像是轮船的通气管状的混凝土冠。朗香小教堂地处一座丘陵的顶峰，被牧场所环绕，外部的布道坛使露天朝圣和祭礼变得更为便利。

除去粗糙混凝土的顶壳以外，朗香圣母小教堂的其他部分覆盖了白色的粗涂灰泥层。如同那些雕塑一样，它装有勒·柯布西耶自己绘制的彩绘玻璃小窗户、接雨水的池子和檐口滴水，还有室外的布道坛也使教堂的墙壁生动起来。包裹大门的钢皮上的珐琅是建筑师自己绘制的，由吕伊纳（Luynes）的让·马尔丹（Jean Martin）工作室制作。这些曲线的造型在视觉上亲切、热情，伸展在一种抒情诗般的赞颂当中。在这样一个简单的小教堂里，通过赋予建筑灵性的维度，勒·柯布西耶创造了20世纪最伟大的宗教建筑之一。“建筑出现在创造的这样一个瞬间。在这里，精神在预先保障了作品的坚实的同时，也淡化了对于舒适的追求。于是，建筑被高于简单实用的意图所抬升，着意展示那些赋予我们活力与快乐的诗意力量。”

杜瓦尔工厂、库鲁切特别墅以及雅吾尔别墅群

在朗香小教堂内部，勒·柯布西耶在光线这个“建筑的基础”上下了很多功夫。光线透过墙上细长的彩绘玻璃，通过附属教堂的“冠”，穿过墙壁尖脊和顶壳之间的罅隙进入教堂中来。

在建造马赛居住中心的同时，勒·柯布西耶也同时进行着其他几个项目，例如位于圣迪耶（Saint-Dié）的杜瓦尔（Duval）工厂（1946—1950）；位于布宜诺斯艾利斯的库鲁切特（Currutchet）医生别墅（1949年）以及塞纳河上讷伊里（Neuilly-sur-Seine）的雅吾尔别墅群（1951—1955）。

每一个项目就其自身、对其时代都具有代表意义。对杜瓦尔工厂的设计尤其注重其功能性，遮阳板在建筑中第一次使用。两面不透光的山墙采用的是当地盛产的粉红色砂岩，而正

左图所示的是在塞纳河上讷伊里，为两个家庭修建的雅吾尔别墅群。它们的设计没有什么区别：主要房间在花园所在的平面，而卧室在楼上。所有的元素都是依据“模数”计算出来的。房间的基本结构建立在包含两个平行开间的三面承重墙上。外部材料交替使用了木材、砖头和粗糙混凝土。

面骨架采用的却是粗糙混凝土。库鲁切特别墅协调了纯粹派的诸多元素和当地气候的限制。雅吾尔别墅群的表面将砖与混凝土结合在了一起，表达了勒·柯布西耶在杜瓦尔工厂时就已经开始的尝试：向“突兀”（brutaliste）表现方式的转型。屋顶采用的是用扁平砖头砌成的加泰罗尼亚式穹顶（voûtes catalanes），用扁圆的侧面营造出建筑体的私密性感觉。

让－雅克·杜瓦尔（Jean-Jacques Duval）是一个工业家。他的纺织工厂在战火中遭到了部分毁坏。于是，他在1946年委托勒·柯布西耶对此进行重建。勒·柯布西耶建造了主体有三层楼的建筑，整个建筑由两两成排的支柱支撑，屋顶阳台上安排的是办公室。与大学城瑞士楼相类似，勒·柯布西耶将接待处和一道楼梯规划到了另一个单元中。建筑的表面是当时第一次在法国使用的遮光板。不久以后这一技术也应用到了马赛居住中心上。

昌迪加尔：尼赫鲁的召唤

勒·柯布西耶生命中最后10年的主要作品在印度。1947年印巴分治以后，印度境内的旁遮普邦需要建立自己的首府。尼赫鲁曾经请美国建筑师阿尔伯特·迈耶（Albert Mayer）进行城市规划，但是迈耶的合作者、负责公共项目的波兰建筑师马修·诺维基（Matthew Nowicki）在一次空难中遇难，因此，阿尔伯特·迈耶不能履行计划。1950年，尼赫鲁向欧洲派遣了政府官员塔帕尔（P.N.Thapar）和总工程师瓦尔

作为印度总理的尼赫鲁力图使自己的国家成为强国。对勒·柯布西耶的邀请，表达了他想赋予旁遮普首府计划以现代性的决心。依照尼赫鲁的意愿，勒·柯布西耶将昌迪加尔规划为一个发展的城市。可是，勒·柯布西耶所希望的在现代化大城市里实施的规划，与昌迪加尔的现实需要却并不相配。喜爱高密度城市中心的建筑师，在这里负责的却是一个密度不高的城市。在他设计的可供大量汽车通行的公路轴线上，行驶的通常却是自行车。对于作为行政首府而非经济中心的昌迪加尔而言，勒·柯布西耶的规划显得过于庞大。下图所示的是直到1986年，我们的建筑师百年诞辰前夕才矗立起来的“伸开的手”。

玛（P.L.Varma）。他们拜见了两位英国建筑师麦克斯韦尔·弗莱（Maxwell Fry）和简·德鲁（Jane Drew），这两位都是国际现代建筑协会的成员。后者建议他们去见一见勒·柯布西耶。尽管有诸多困难和一些疑虑，勒·柯布西耶最后还是接受了这个项

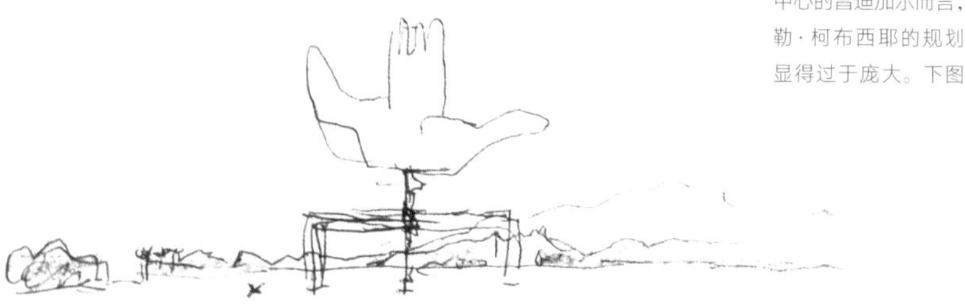

目。1950年，他接受了昌迪加尔项目总顾问的任命。随即他指派了麦克斯韦尔·弗莱、简·德鲁以及皮埃尔·让内雷这三名建筑师到项目实施地。从此，皮埃尔·让内雷又开始了同勒·柯布西耶的再次合作，并在项目的实施过程中扮演了重要角色。1951年，勒·柯布西耶开始着手昌迪加尔的城市规划。11月

Le Corbusier
Les "Taureaux"

22 日，他亲自拜见了尼赫鲁，表达了自己就使命所感到的快乐及其诚挚和能力。他向尼赫鲁介绍了他想要作为纪念物建造的“伸开的手”（Main ouverte）。

Ozon、*Ubu* 和《斗牛》

建筑活动的频繁并没有使勒·柯布西耶的艺术创造放慢脚步。不同的表达形式之间紧密相连、互为补充。“正是在造型艺术的实践（纯粹的创造现象）中，我找到了城市规划和建筑设计的活力。”从 20 世纪 30 年代开始，勒·柯布西耶努力尝试一种“艺术的综合”。1949 年，勒·柯布西耶出任“造型艺术综合联合会”的副主席，主席由亨利·马蒂斯（Henri Matisse）担任。该联合会的第二任副主席是创办了《今日建筑》的安德烈·布洛克（André Bloc）。毕加索也是成员之一。勒·柯布西耶好几次都想为联合会建造一座馆所，但这个计划一直没有得到实现。不过，在他去世以后，在海迪·韦伯（Heidi Weber）的帮助下建造的慕尼黑人文大楼就是以他的设计为蓝本的。

20 世纪 50 年代，勒·柯布西耶开始着手一系列色彩丰富、形式扭曲而突兀、来源复杂的作品。创造实践变得更复杂了。在《直角之诗》（*Le Poème de l'angle droit*）中，勒·柯布西耶吐露了真相：“幻觉的各种元素汇集在了一起。关键在于比利牛斯山一段低凹道路上的一截枯木和一颗卵石。耕牛整天在我的窗前走来走去。由于不断地重画这三者，斗牛就成形了。”勒·柯布西耶有这幅作品的上釉钢板版本（如下图）。

小时候的夏尔–爱德华·让内雷就想成为画家。勒·柯布西耶一直因他的画作不如他的建筑作品那样受人欣赏而痛苦。然而，20 世纪 40 年代以后，好几个机构都为他组织了重要的展览：1948 年美国波士顿当代艺术机构；1953 年巴黎国立现代艺术博物馆以及得尼斯·勒内（Denise René）画廊；1954 年瑞士首都伯尔尼艺术馆。

在纯粹主义和“唤起诗意的物体”两个时代以后，勒·柯布西耶于 1940 年开始着手更加考究的绘画研究。*Ozon*、*Ubu* 以及之后的《斗牛》都表达了更加错综复杂的形式。色彩变得更加浓重，或者说猛烈；平面被切割以后又重叠；

下图所示的是勒·柯布西耶和约瑟夫·萨维那的一次合作。1936 年，勒·柯布西耶为这位在朋友家偶然碰到的布列塔尼细木匠人绘制了一些家具的草图。这使后者从他的布列塔尼传统中走了出来。“二战”后，萨维那寄给勒·柯布西耶一些根据建筑家的设计制作的小雕塑，他们之间的长期合作从此开始。

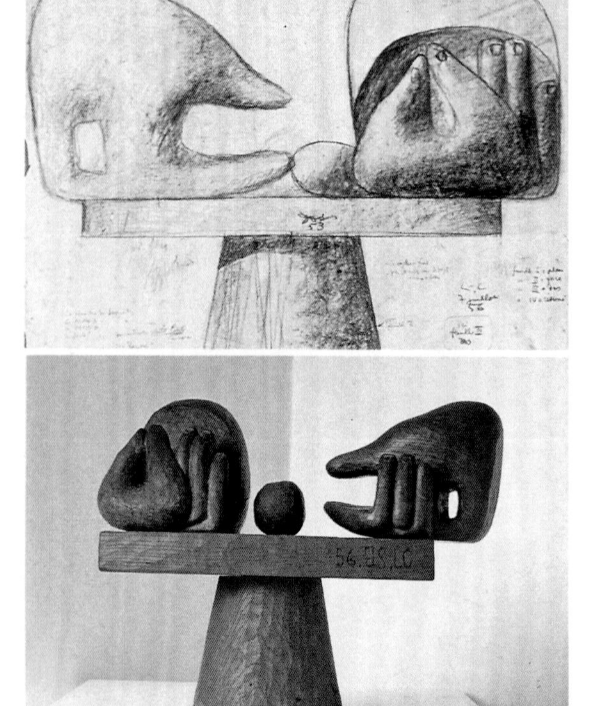

勒·柯布西耶于 1956 年和 1957 年绘制了一系列的彩色画和一幅女人的半身像油画。那幅油画尤其凸显了女人的手部。他的好些雕塑都来源于这幅油画：如左图所示的《手》以及一系列的女人像（右图所示的便是其中之一）。

物体和形体都变形了。梦与想象改变了现实的形状。超现实主义的影响隐约可见。大量的油画和素描为以后的雕塑做好了准备。

听觉雕塑

1938 年，勒·柯布西耶曾经准备在离巴黎不远的犹太城竖立纪念保罗·瓦扬－库蒂尔埃的雕塑。保罗·瓦扬－库蒂尔埃是一位共产党众议员，曾在 1929 年至 1937 年间任《人道报》主编。但这个纪念物的计划最终并没有实现，勒·柯布西耶也一度对雕塑不再感兴趣。但是，1946 年，与勒·柯布西耶相识了十几年的布列塔尼细木雕刻家约瑟夫·萨维那给他寄来了依据其设计而制造的小雕塑，他立即觉得非常有趣，两个人从此便开

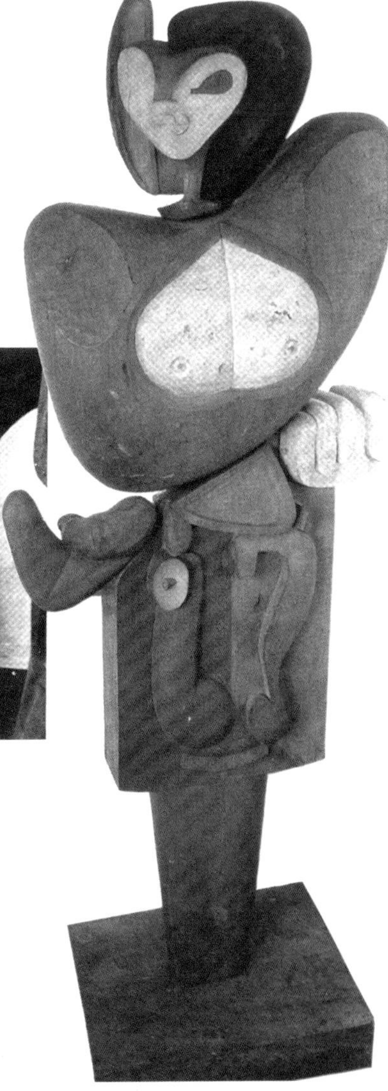

始了长达 20 年的合作。他们的合作方式很特别：勒·柯布西耶设计（通常在旅行的间歇通过书写解释他的想法），萨维那则着力于实现它。他们的合作诞生了 44 个雕塑，在不同的木质上，留下了勒·柯布西耶 – 萨维那的联合签名。除了 1950 年的《图腾》和 1953 年的《女人》以外，他们的作品大多为小型雕塑。

有些作品保留了天然木色，有一些则由勒·柯布西耶着色。对于勒·柯布西耶而言，雕塑是最基本的表达方式。面和体、虚与实的互动在他眼里代表着各种力量和张力的集合体，就像是一座或是一些向周遭空间扩散的建筑。他谈论“听觉雕塑”，它们发出声音，它们聆听。从那些建筑活动的约束（土地、计划、客户以及资金）中解放出来，勒·柯布西耶在雕塑中找到了一种新的深入和塑造空间的方式。

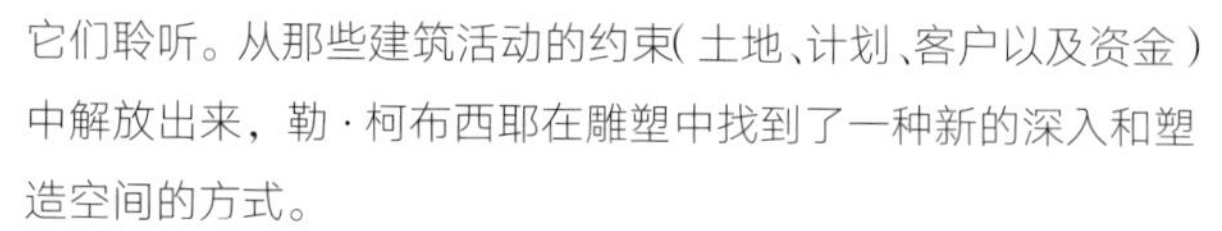

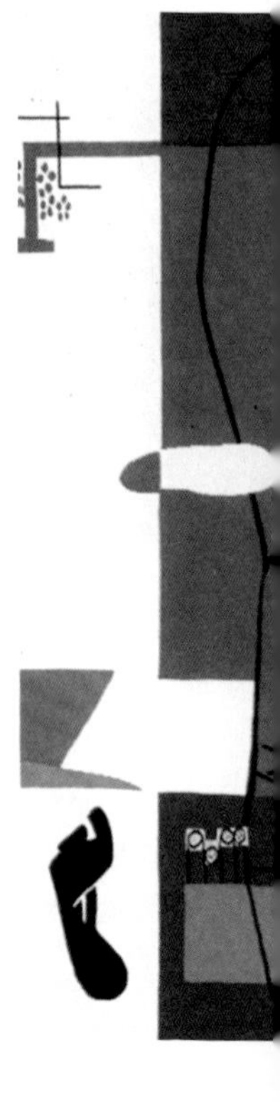

“流动墙”（Mural–nomad）

勒·柯布西耶曾于 1936 年创作了他的第一幅挂毯。这件作品是应挂毯艺术的资助者玛丽·居托利的要求而诞生的。这之后，直到 1948 年，勒·柯布西耶才重新开始编织艺术。他留下了 30 多幅底图，实现为作品的有 28 幅，这其中包括为昌迪加尔议会和法院以及为日本一家剧院制作的大型挂毯。与奥比松美院教授皮埃尔·博杜安的相遇，对勒·柯布西耶的挂毯艺术有着决定性的意义。博杜安也是一个画家，他将自己的挂毯艺术技巧传给了勒·柯布西耶，帮助他从底图、草图过渡到由穿棕工人实现的具体作品。很久以前，勒·柯布西耶就认识到挂毯是一种强有力的、特别的表达方式，它回应了建筑师对于建造空间和墙面的感觉，他称挂毯为“流动墙”，因为挂毯是可以根据布置者的意愿被摘下、卷裹并在他处重置的羊毛墙壁。他在这里找到了具备他要求的敏感性的物质密度。在昌迪加尔，仅为一座法院他就制作了 8 幅 64 平方米和 1 幅 144 平方米的挂毯。这些挂毯使混凝土显得不再那么突兀，也改善了法庭的隔音效果。

勒·柯布西耶在挂毯中找到了一种建筑秩序的表达。在装饰功能之外，挂毯能够随住所的转变而迁移。在挂毯艺术中，他涉及了一切他所喜爱的主题：女人、手以及粗绳。颜色强烈而密集，就如同下图所示的作于 1965 年的《红色背景中的女人》一样，红色是主导色。左页图所示为大型雕塑《图腾》（1950 年）。

模数（Le Modulor）

青年时期的夏尔－爱德华·让内雷就试图探寻形式平衡，以及空间与立体的和谐的秘密。很快地，他又对基准线产生了兴趣，这对理解古代建筑的组成起着关键作用，也很快被运用到了他的纯粹主义别墅的建造中。1943 年，他进一步加深了其研究。他开始构建一种和谐的度量数列，

目的是建立一个依照“黄金比例”或“黄金数”而相互包含的数量序列。然而，总是试图将自己的作品融入人类社会的勒·柯布西耶并没有像13世纪的意大利数学家斐波那契那样，以一种抽象的方式建立数列。“斐波那契数列”是建立在纯数学基础之上的。勒·柯布西耶则继承了马迪拉·基亚在1930年左右建立的一些原则，以人体各部分之间基本比例关系来定义其数列。“它的价值在于：人体被视为可用数字表达的概念……这就是比例！使我们与周遭关系秩序化的比例！”

模数：勒·柯布西耶发明了两个和谐数字系列。其中的一个与直立的人体有关，第一个数字是1.75米，第二个是1.829米，也就是一个人向上展臂的高度。好些度量都来自人体的惯常姿势：站立、凭倚、端坐。

在1947年的一次讲座中，勒·柯布西耶将这种系统命名为“模数”。他于1950年发表了他的研究、方法以及成果——《模数：建立在人体比例基础上、可广泛地运用于建筑和力学的和谐度量》。1955年出版的《模数2》是对前书的总结。

从此，那个数列建立其上的、站立的人的形象变得广为人知了。厘清了系统以后，勒·柯布西耶将在模数的基础上调节其建筑计划中的一切建

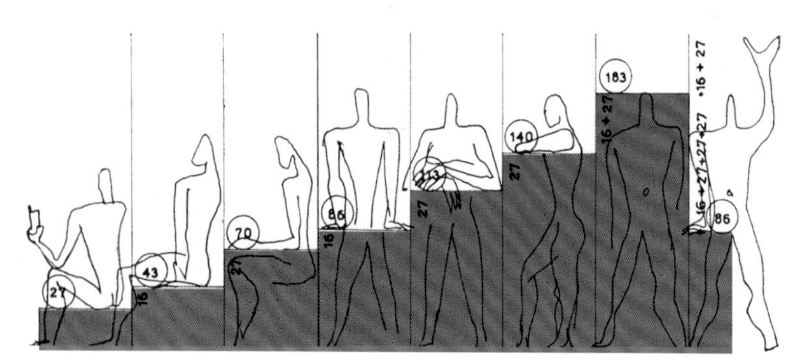

罗杰·奥亚姆（Roger Aujame）和几个同学一起央求勒·柯布西耶在国立美术学院设立一个工作室，但他们却无功而返。尽管学生们再三恳求，勒·柯布西耶却从来没有萌发过教书的念头。这位自学成才的建筑师，内心深处对任何学校都抱不信任的态度。他怀疑这种对于停滞的知识的传授，认为它无法在现实中扎根。但是他对论辩、展示和说服却很有兴趣。终其一生，他做过无数次的讲座，有时甚至是专门的巡回讲演，1929 年在南美的讲座就是一个例子。如果说他的讲演使人深受震动，那么其原因不在于他口才卓著，而在于其言语的明晰、思想的有力以及形象的生动。他在交流方面的天分使听众蜂拥而至。与此同时，他掌握了演讲者的技巧：一边讲，一边在其身后悬挂的纸上绘制示意图。这些黑白、彩色的图画，逐一地配合了他所讲述的内容。

造元素。马赛居住中心的“共形量”就源自这个比例原则。

《雅典宪章》（*La Charte d'Athènes*）

在巴黎警察局发给加入法国籍的、被称为“勒·柯布西耶”的夏尔－爱德华·让内雷的身份证上，注明了他的职业为“文人”。他是想掩饰其建筑师身份吗？这表达了他的内心憧憬之一吗？事实上，他撰写了 40 余部作品以及大量重要的文章和导言。

勒·柯布西耶大部分的书都是在介绍他的研究或是项目。他于 1943 年、1945 年、1946 年和 1954 年陆续发表了《与建筑学学生对话录》《三个人文建筑》《思考城市规划的方法》以及《小房子》。

在 1943 年出版的《雅典宪章》中，勒·柯布西耶重申了他在 1933 年第四次国际现代建筑会议上的结论。直到这部作品出版，他所建议的那些原则还一点都不为人接受。作品出版以后，这些原则中的大多数显示出了其价值。但是在城市建造的现实中，它们还是受到了嘲笑。

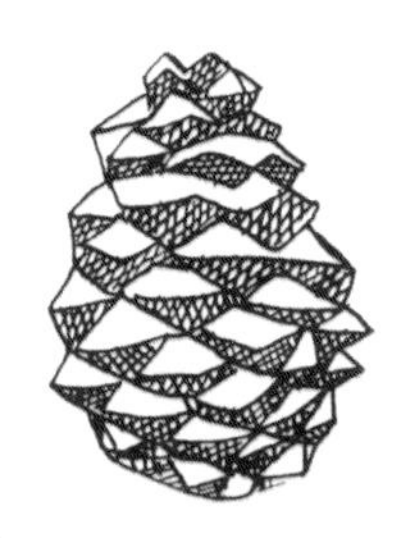

发表于 1955 年的《直角之诗》包括了 19 幅石版画和石版印刷的文字。它涉及的是勒·柯布西耶反复采用的主题：宇宙力量、太阳运行、男人与女人、伊冯娜（柯布西耶的妻子。——译者注）、创作。其中的一幅版画，以其敏锐的理解力和超群的造型质量形象地展示了建筑师的五点主张中的四点：支柱、屋顶花园、自由平面、自由立面，只差横向长条窗一点。版画下部的鸟戴着建筑师的大眼镜：大乌鸦，柯布西耶（Corbeau，Corbu！）。

《阿尔及尔之诗》和《直角之诗》

勒·柯布西耶喜欢通过清晰的语言、生动的比喻以及形象与词汇的结合来说服别人。继《走向新建筑》和《今日装饰艺术》两本主要著作之后，《与建筑学学生对话录》以及《小房子》等诸多短作都证明了这一交流的有效。其敏锐、其文笔的流畅及对比喻的感觉都自然地将他引向诗意的表达。

《阿尔及尔之诗》在标题中明确地表达了这一意向。建筑师借以表达当时所面临的阿尔及尔城市发展的困难，并为自己7个连续被拒的规划辩护。通过这些激扬澎湃的文字，勒·柯布西耶表达了自己面对这座城市时的激情："大海、阿特拉斯（Atlas，希腊神话中顶住天的巨神。——译者注）之链和卡比利（Kabylie）群峰展示着它们蓝色的壮阔。"

《阿尔及尔之诗》是一部奇怪的作品。在50页的篇幅中，勒·柯布西耶赞颂了这座城市的辉煌及其所处的地理位置，总结了他13年来对于城市规划的思考，平息了他面对无力掌控城市未来的当局的苦恼。字里行间渗透出建筑师的性格：坚强、激情洋溢、天真而又苦恼。

发表于1955年的《直角之诗》也明显地采用了诗歌的形式。图画和文字交相辉映，或猛烈激昂，或抒情柔和。当时已经68岁的勒·柯布西耶继续着他一直不曾停止的斗争："出发，回家，再出发；战斗，战士永远在抗争。"然而，这年老的战斗者似乎突然疑惑了："那么，我们将永不能停坐在生命之侧？"

挫折与苦涩：
从国际联盟到联合国教科文组织，从阿尔及尔到圣迪耶

虽然柯布西耶有许多建筑成就，但是也遭遇过不少挫折，其中包括三项国际组织的项目：1927年国际联盟大楼，1947年联合国纽约总部以及1951年联合国教科文组织巴黎总部。这些计划或者被撇在一边，或者被搞得面目全非，甚至完全被忽略。除了贝萨克的富吕叶街区计划以及昌迪加尔计划以外，他所有的城市规划方案都没有得到重视。由于这样的挫折，勒·柯布西耶经常伤痕累累、苦恼不堪，但他从不因此而丧失贯穿其一生的倔强。

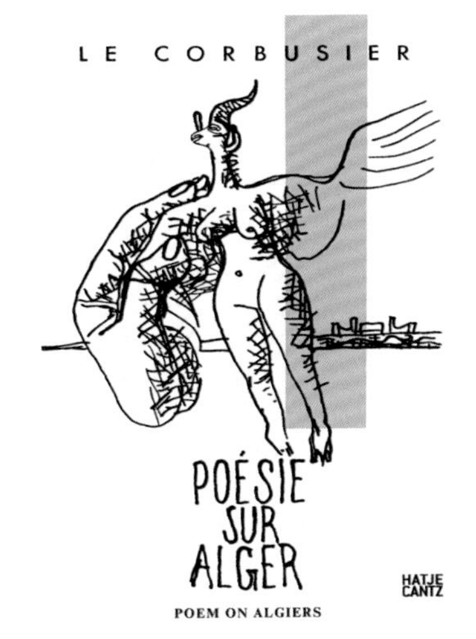

在其生命的最后10年，勒·柯布西耶不再像以前那样大量写作和绘画了。大部分的编织和雕塑作品都在这10年中完成。但是建筑师仍将绝大部分的时间和精力都留给了建筑。那时，他实现了昌迪加尔的大量建筑以及拉图雷特（la Tourette）修道院——其作品的完美句点。法国政府终于委托他一项巨大的公共建设工程，可是当他于1965年去世时，还没有来得及为此完成草图。

第五章
完　满

尼赫鲁的诺言、建筑群的规模以及其突出的政治、司法和管理功能，都给予了昌迪加尔计划非同寻常的国际重要性。

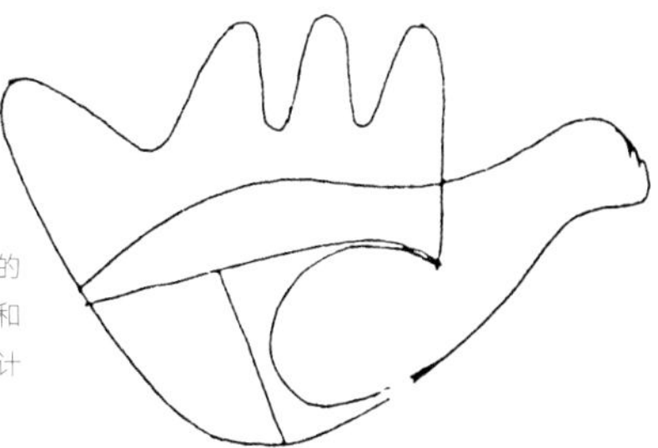

1957年，勒·柯布西耶的妻子伊冯娜的去世是这个时期的一个重要事件。“一个内心丰富、意志坚强、品行正直的特别的女人。她是守护天使，36年来一直守护着我的家。”他非常依赖她。性格活泼的伊冯娜是勒·柯布西耶长期以来面对各种困难和挫折时的支持。虽然没有直接点明，但他在《直角之诗》中写到如下诗句时，心中想着的应该是他的妻子：“我倾心于这个人，我在这个人中找到自我……她卓绝而不自傲。是谁创造了她？她来自哪里？她带着孩子般正直透明的心来到人间，来到我的身旁。谦逊、默默无闻成就了她的伟大。”

在艾哈迈达巴德建造的索得安别墅（1952—1954）继承了传统印度建筑的形式。同时，勒·柯布西耶也采用了他从20世纪20年代起就开始思考的、针对酷热潮湿气候的一些建筑元素。一个伞状石板覆盖了整个建筑。开放度大且深的遮阳板，在保证空气流通的同时，阻挡了阳光的直射。在这与周遭热带植物风格迥异的粗糙混凝土建筑中，平台与坡道交相辉映。

1959年，勒·柯布西耶又失去了他年逾百岁的母亲。当他的母亲91岁，还“统治”着“小房子”的时候，柯布西耶写下了这样的句子以表达对母亲的尊敬：“在太阳、月亮、山峰、湖泊和家里，她被孩子们的深情景仰环绕。”

艾哈迈达巴德（Ahmedabad）

在着手旁遮普邦首府规划的同时，勒·柯布西耶又被委以印度西部历史名城艾哈迈达巴德的几项工程。在几年的时间里，他先后建造了索得安（Shodhan）和萨拉巴伊（Sarabhaï）别墅，一座博物馆和一幢纱厂主协会大楼。在这几个项目中，建筑师通过对建筑体的凸显以及对混凝土表面的广泛运用，产生了一种突兀的建筑模式。这些在昌迪加尔大型公共设施之前建造的项目，从建造方法和气候局限两个方面为建筑师提供了有益的实验机会。

昌迪加尔：毛坯混凝土的交响曲

在昌迪加尔的计划中，位于城市北部的行政中心（le Capitole）集中了许多大的公共建筑。在勒·柯布西耶设计的5个重要建筑中，有3个得到了实现：议会、法院以及秘书处。另外两项，政府大楼和知识博物馆（le musée de la Connaissance）则停留在了计划阶段。而这些未实现的项目破坏了整个规划的平衡。

整个行政中心的结构是以一个巨大的轴为中心的。轴的西边是议会和秘书处，东边是法院。秘书处是各部委的所在地。遮阳板的应用使建筑的表面非常富有节奏感。在对议会的屋顶平台的处理上，上议院之上耸立了一个巨大的柱体，而矗立于下议会之上的则是一个金字塔形的顶盖。这两个屋顶使房间避免了阳光的直射。形式的多样、各部分的协调、柱子与平台、坡道以及遮阳板之间的嬉戏、建筑表面在水面的倒影以及多彩装饰……这一切都强有力地赋予了建筑整体一种少见的不朽性及活力。

在遭受了一些大型公共工程如日内瓦国际联盟大楼以及莫斯科苏维埃宫的失败以后，勒·柯布西耶终于找到了一个绘制伟大作品的机会。虽然整个城市的规划是围绕一个轴线进行的，建筑师却通过断裂、岔开以及不对称等手法，彻底地实践了自己的艺术。绝对不位于一条直线上的建筑物，展现了截然不同的规模和表现方式。规划在整体上无疑受到了经典城市构造的影响，但是对于所有对称的反叛，赋予了规划以从未有过的活力。

昌迪加尔的规划是依照区域进行组织的：商业区在中心，工业活动在火车站附近，行政区在城市北部。被称为“7V”的交通道路等级森严：从城市主要公路的“一级”一直到步行通道的“七级”。从住家到学校，孩子们不需要穿越任何街道。

此外，在对自由空间的规划上，勒·柯布西耶不仅依照了模数，更将沟渠、小山岗、水

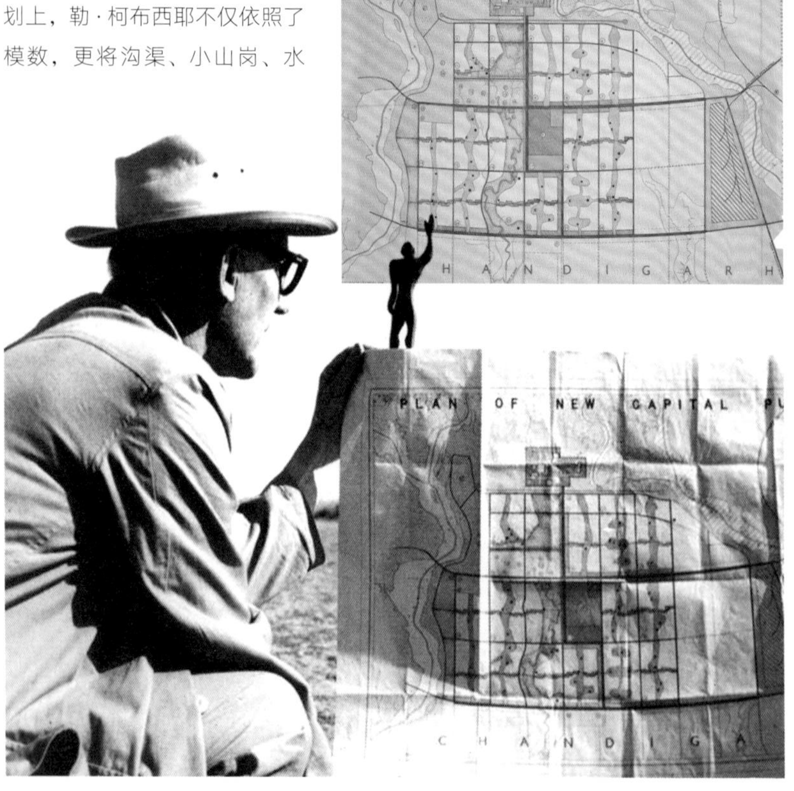

法院建立在许多大柱子上。众多的拱支撑起一块伞状石板。主入口及西面覆盖着遮光板。映射在水面中的建筑物西面，本身是依据模数设计的长方形，但倒影使它的影像加倍了，成为了正方形。分为几段的大坡道是通往高层的通道。开放的走廊有利于空气的流通。多彩装饰增添了柱子的张力以及遮阳板的活力。

面以及雕塑等添加其间。这样组织起来的“游戏”划分了空间，并以一种极具张力的网络将不同的建筑连接在了一起。在此，勒·柯布西耶再一次重申了他在处理非建造空间上的“外部永远是一种内部”的观点。也就是说，建筑物之间的自由空间也是一种建筑，它们不应该被随意地装饰，而应依据它们所处的、所环绕的建筑物，组织在一个和谐有序的整体里。这个观点与“听觉雕塑”有明显的关系。在对后者的处理上，不同的形体之间、虚实之间的游戏都是为了它们之间能够互相辐射、彼此回应。

虽然议会、法院和秘书处在使用毛坯混凝土上有明显的相似之处，但是它们的形式却截然不同。与众多的混凝土雕塑一样，这些建筑也包括了如下的一些元素：披檐的轮廓、某些混凝土幕帘上的钻孔、凉廊、排水管、坡道以及屋顶平台之上的建筑。在印度的日照下，在喜马拉雅的光辉中，每一建筑的内部都是独特的光与影的嬉戏。这是勒·柯布西耶所偏爱并熟练驾驭的主题。与此同时，人手这一意象始终萦绕在建筑师心头。他常常将它表现在其素描、油画、挂毯或者雕塑中。在昌迪加尔，他曾想将手状的风向标作为行政区的标志，安装在位于喜马拉雅山前的一座露天环形剧场上。这项设计在他死后方得以实现。勒·柯布西耶还在这个旁遮普邦的首府建设了一些不那么重要的建筑，诸如一座博物馆、一家游艇俱乐部以及一所美术与建筑学校。

受西都会修道院的启发，拉图雷特修道院被设计成正方形。由于下部柱子的支撑，修道院得以紧贴在丘陵的一侧。位于一系列台阶之上的小教堂，通过三个“大炮”采得自然光。这三个大圆筒位于天花板上，上接被截断的锥体。

拉图雷特修道院：粗犷与精湛

库蒂利耶神父曾经推荐勒·柯布西耶建造朗香教堂。在他的建议下，多明我会里昂省区教务会于1952年向勒·柯布西耶委任了另一个项目，在距里昂30多千米的艾布舒尔阿布雷伦镇建造一个修道院。对这个项目的研究开始于1953年。工程于1956年开工，1959年竣工。柯布西耶的主要想法是赋予该建筑以中世纪的严谨。同形式的简单与混凝土所表达的极度粗犷相对应的，是空间分隔的巧妙、穿透的多样化以及直射和反射光线的质量。

在其所处的朴实之地，建筑体达到了灵性的高级层面。在朗香，受新教滋养的不可知论者勒·柯布西耶，给了天主教会一个被白色所照亮、被曲线所环绕的迎接祈祷的教堂。在拉图雷特，他给了多明我的修士们一个利于研修、沉思与提升思想的朴实之地。

最后的计划，最后的作品

在建造昌迪加尔以及拉图雷特修道院过程中，勒·柯布西耶也完成了好几个欧洲、美国以及亚洲的项目。

1958 年在布鲁塞尔世界博览会，通过参加亚尼斯·克赛纳基斯（Yannis Xenakis）竞赛，勒·柯布西耶推出了飞利浦大楼计划。1959 年，他与前川国男（Maekawa）、坂仓准三（Sakakura）一起，建造了东京西方艺术博物馆。

这两位日本建筑师在日本建立自己的事务所以前，都曾经在塞弗尔街的建筑师事务所工作过。同样在 1959 年，勒·柯布西耶与卢西奥·科斯塔（Lucio Costa）一道设计了巴黎大学城的巴西楼。

1962年，曾经和勒·柯布西耶一起工作过的荷西·路易·赛特（Jose Luis Sert）以哈佛设计研究生院的名义，对勒·柯布

以一个院子为中心，修道院的部分封闭了三面的空间，第四面是教堂。修士的生活空间由两层组成：第一层用于接待、研修和交流，另一层则用于集体生活——食堂和教务会。修士的小室，如同在艾玛小村庄一样，通过悬伸的阳台与外界相通。

勒·柯布西耶在美国的唯一设计是左图所示的卡彭特视觉艺术中心（Carpenter Center for Visual Arts）。该中心是由一个作为支撑点的立方体建筑和两个曲线型大厅组成的，S形的坡道将这个建筑连为一体，邀请大学生们做一次"建筑学的散步"。

勒·柯布西耶综合不同的艺术做过好几个大楼的设计。人文大楼（1964年）建造在一个覆盖着巨大的钢铁贝壳的金属结构之上。多亏了海迪·韦伯（Heidi Weber）的推动，它于1967年在苏黎世落成（如下图所示）。

西耶发出了邀请。身为院长的荷西·路易·赛特希望勒·柯布西耶能够在坎布里奇为视觉艺术建造卡彭特中心。也许是由于机构的原创性，或是出于荷西·路易·赛特对勒·柯布西耶的充分信任，投资方的建设计划相当模糊。事实上，需要考虑的是功能与空间的结合。美国建筑师沙利

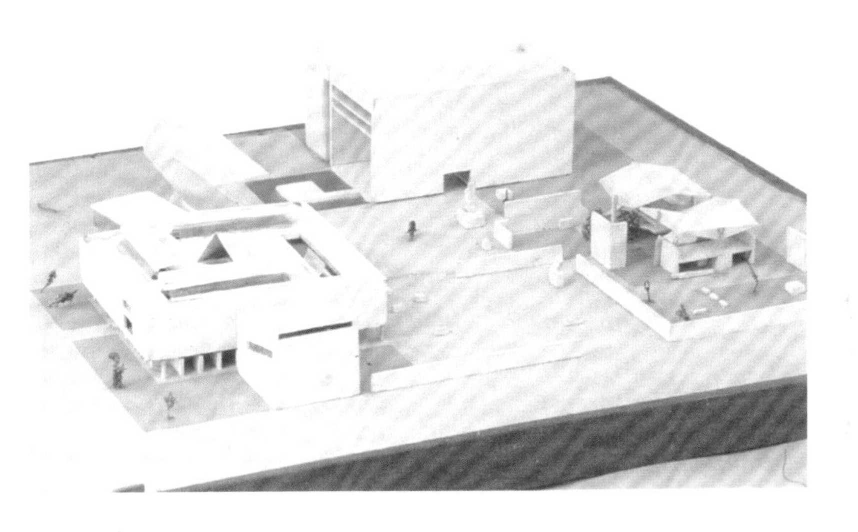

从1939年开始，勒·柯布西耶就开始酝酿一座无限上升的博物馆。这座博物馆将包含无数建立于支柱上的陈列廊。它们围绕中心空间呈螺旋状环绕。随着藏品的不断丰富，陈列廊将像贝壳内的软体动物那样不断生长。整个博物馆将会呈现一个缓缓上升的通道，照明则由顶部保证。在东京的西方艺术博物馆里（如上图所示），勒·柯布西耶使陈列廊环绕着中心庭院。但是，看起来晚于主体建筑修建的、附着其外的一个小建筑阻碍了任何可能的扩张。

文（Sullivan）有一个著名的宣言："形式服从功能（form follows function）。"也就是说，形式"源自"功能，建筑或多或少是孕育于规划需求的。如果我们在通常的意义上理解这个宣言的话，卡彭特中心则是一个值得反思的例子。实际上，计划的缺失似乎已经成了剥夺建筑师建筑活力创造的一个基本因素。在这个项目中，勒·柯布西耶再次运用了他惯用的一些元素：柱子、坡道、遮阳板。混凝土依然清晰可见，但在建筑师的迫切要求下进行了例外的光滑化和"柔化"处理。距离圣艾蒂安（Saint-Étienne）10多千米处的菲尔米尼（Firminy）是一座小工业城市。1955年，勒·柯布西耶永远的朋友和支持者、该市市长、众议员欧仁·克洛迪于斯·珀蒂（Eugène Claudius Petit）向他发出了邀请。这一邀请造就了勒·柯布西耶在法国本土可能最重要的建筑群：一座体育场、一个文化中心、一座教堂以及一个居住中心。但只有文化中心在建筑师生前完工了。由勒·柯布西耶设计的体育场和住宅区，则在其死后由安德

烈·瓦根斯基（André Wogenscky）和费尔南·加尔迪安（Fernand Gardien）实现。从1960年开始，勒·柯布西耶就与约瑟·乌布里耶里（José Oubrerie）合作着手教堂的设计。经历了不了了之的特布莱（Tremblay）教堂计划（1929年）与圣博姆（Sainte-Baume）地下大教堂计划（1945—1951），以及建造成功的朗香教堂和拉图雷特修道院以后，勒·柯布西耶想要在菲尔米尼实现一个崭新的宗教建筑的计划。这一计划源于一种全新的灵感。建筑师去世5年后的1970年，教堂开始动工，但很快就因资金困难而停工。为了使工程得以继续，欧仁·克洛迪于斯·珀蒂一直努力争取，直到1989年生命的最后一息。然而，尽管再三地向最高当局争取，他仍没有能够筹集到使工程继续下去的资金。

欧仁·克洛迪于斯·珀蒂于1957年至1971年间任菲尔米尼市长。1955年，他向勒·柯布西耶委以“绿色菲尔米尼”工程，请他在那里建造一些公共建筑。位于一片高地上的文化中心（上图及右图），倾斜的表面悬伸在运动场之上。

从马尔丹海角（cap Martin）小屋到罗浮宫的方庭

1962 年，年过 75 岁的勒·柯布西耶与于连·德·拉·弗恩特一起为威尼斯的一座医院做设计。此时，他接受了时任文化部长的安德烈·马尔罗的委任，在位于巴黎西侧的拉德方斯（La Défense）建造一系列复杂的项目。项目的具体内容是建造 20 世纪艺术博物馆以及四座用于造型艺术、建筑、音乐、舞蹈、电影以及电视教学的大楼。此时的法国政府终于认识到了勒·柯布西耶的创造天赋，并委任他一些重要的国家公共项目。一开始，勒·柯布西耶对于选址有些犹豫。他试图说服安德烈·马尔罗将项目移至大皇宫（Grand Palais）所在的广场并拆除大皇宫。他只来得及在纸上画了一些草图，便被命运带离了这个计划。

1951 年，勒·柯布西耶在面对大海和摩纳哥的马尔丹（Martin）海角建造了一座小屋。由利比塔托家经营的“海洋

如果能够完工的话，那么菲尔米尼教堂将是勒·柯布西耶继朗香教堂和拉图雷特修道院之后的第三座宗教建筑。菲尔米尼教堂呈正方形，由一个坡道连接四层建筑。严格意义上的教堂位于较高的两层，之上是一个截锥，空间的丰富性和流动性无与伦比。在下部建筑体的四壁之上，是三个混凝土的接头，它们将教堂环绕在光亮的缝隙中，承载着截锥并给人以轻灵的感觉。

居住在艾连·格瑞和让·巴多维西别墅中时，勒·柯布西耶结识了利比塔托一家。1951 年，他决定在利比塔托餐馆的附近建造一座原木小屋。小屋的部件是由他的科西嘉细木工匠在阿雅克肖（Ajaccio）预先制造，然后再运到马尔丹海角现场组装的。小屋是依据模数规划的小房间，3.66 米见方，到天花板的高度是 2.26 米。作为小空间布置的典范，小屋在度假居所研究上写下了重要的一笔。

之星”就在附近，这里是柯布西耶搭伙吃饭的地方。不远处，是艾连·格瑞和让·巴多维西于 1929 年修建的别墅，柯布西耶作了其中的壁画装饰。每年夏天，建筑师都远离事务所的纷乱和压力，在这里沉思、绘画和写作。大海就在眼前，他可以长时间地浸浴其间。

1965 年 7 月，勒·柯布西耶如往常般来到马尔丹海角的小屋休憩。他的亲友都很担心他看起来不怎么令人乐观的健康状况。8 月 24 日，他给他的哥哥写道：“亲爱的阿尔贝老哥……我从来没有感觉这么好过。”然而，1965 年 8 月 27 日，当他正在他钟爱的地中海里游泳的时候，意外突然降临了。9 月 1 日，在拉图雷特修道院的祭坛前停留了一夜之后，他的遗体被运回了巴黎。

最后一次，勒·柯布西耶的身影出现在了塞弗尔街 35 号的建筑师事务所。法国政府决定向他致以崇高的敬意。那晚，在灯火通明的罗浮宫方庭，在数以千计的人面前，安德烈·马尔罗用低沉的声音发表了激动人心的讲话。诚如他不久前所写的那样，勒·柯布西耶早就知道，“需要至少 20 年的时间，一

个想法才能为人所知；需要至少 30 年，它才能够得到应用。然而那时，它已经需要修改了。直到这一刻，溢美之词和纪念碑才会如大雨般倾泻在坟头。一切都太晚了”。

马尔丹海角的罗克布吕纳小村设有“海滨坟场”。从这里看过去，海天一色。勒·柯布西耶为他自己和于 1957 年去世的妻子伊冯娜设计了骨灰合葬墓。低底座、立方体、圆柱体：空间、严整、几何。

见证与文献

一切都是坚持不懈的问题，

工作，勇气。

天上没有荣耀的征兆，

然而勇气是内心的力量，

仅仅它本身便可以给予或摧毁存在的意义。

——勒·柯布西耶（1965年）

学习与反抗：对学校的弃绝

1908 年，在巴黎的佩雷兄弟建筑师事务所，年轻的夏尔－爱德华·让内雷发现了一种关于新的建筑和建筑师的理念。这与他在拉绍德封时接受的夏尔·勒普拉德尼尔的教育相去甚远。对于后者，夏尔－爱德华·让内雷已经不再像以前那样崇拜了。

在 1908 年 11 月 22 日的一封长信中，作为学生的夏尔－爱德华·让内雷向他的老师表达了内心的分裂。

我最亲爱的先生：

也许您并没有错，将我塑造成别样于雕刻匠的人。因为，我自己感觉到了力量。

您说，我的生命丝毫不是游戏，而是不停地工作。这不无道理，但是并没有用。因为，从我曾经所是的那个雕刻匠，到天命召唤我成为的那个建筑师，需要跨越一步，巨大的一步。

在我那还光滑的地平线上，我需要 40 年的时间来勾勒一个大概。

我现在对于建造的概念，还仅仅限于我不足的，或不完整的知识所允许我达到的粗线条。

到巴黎以后，我对于造型的纯粹概念（来源于对单纯形式的研究）遭受到了致命的打击。

我感到自己内心有一个巨大的空缺，我对自己说："可怜的！你还什么都不知道呢！唉！你甚至连你不知道些什么都还一无所知。"这使我极度苦恼。我应该去问谁呢？问夏帕拉兹吗？他比我知道的还少，只会让我更加困扰。那么，去问格拉塞吗？或者弗朗兹·茹尔丹、索瓦吉、巴盖特？我见到了佩雷，可是，我没有胆量涉及这个问题。这些人全都对我说："对于建筑，您知道的已经够多了。"但是，我的灵魂仍旧痛苦难安。我要去问过去的人们。我选择了那些最烦躁的斗士，那些我们 20 世纪的人们最想要效仿的：罗曼人。在三个月的时间里，每天晚上我都在图书馆里研究罗曼人；我去圣母院；我旁听了美术学院马涅关于哥特艺术的课程……我终于明白了。

然而，接下来，佩雷兄弟于我无疑是当头一棒。这两个强有力的人鞭笞了我。通过作品或是言谈，他们对我说："您什么都不知道。"通过对罗曼艺术的研究，我怀疑建筑应该不是一个形式协调的问题，而是……别的什么……但是，是什么呢？我还不是很清楚。于是，我又研究了力学，之后是统计，我整个夏天都在埋头苦学这些。我犯了多少次错误呀。今天，我愤怒地发现，我对于现代建筑的知识充满了缺陷和漏洞。或者，应该说喜怒交加，因为我终于知道了正确的道路。我研究物质的力量，这异常艰难，却美丽动人。这是数学，如此有逻辑，如此完美！

在佩雷兄弟的工地上，我见到了混凝土，还有那些它所苛求的革命性的形式。巴黎的这 8 个月向我狂呼：逻辑，真理，诚实！走开，那些朝向过去艺术的梦！抬高眼，向前！巴黎对我说道：“将你曾经爱过的都焚毁，爱慕那被你焚毁掉的。”这真是字字珠玑，充满深意。

建筑师应该是拥有逻辑头脑的人，是热爱造型效果者的敌人。我觉得应对此表示怀疑。建筑师是既有头脑又有感情的人，是艺术家又是博学者。我知道这一点，然而你们中却没有人对我提及——先人们才懂得与那些希望问询他们的人交谈。

我们谈论的是明日之艺术。这艺术将是什么？人类已经变换了其生活与思维方式。规划是崭新的，在崭新框架下的崭新规划。在此，人们可以谈论即将到来的艺术。新的框架就是铁。铁是新的途径。这艺术的曙光已变得日益耀眼。从具有摧毁力量的铁，发展出了钢筋混凝土，它的成果将是闻所未闻的。在人类建造的历史上，它将迈出大胆的一步。

如果一切不变的话，我不再同意您的意见。我不能同意。您希望 20 岁的年轻人就是已经充分发展了的、能动的施行者，要面对他们的后继者担负和施行“责任”。因为您，您觉得自己有充分的力量造就他人。您相信您在别的年轻人身上也见到了这种力量。这种力量在那里，但是需要在这样的方向上去（或许无意识的）发掘和发展，在今天的您似乎否认了的青年生活中。您在巴黎的生活和旅行中发展了它，在您最初在拉绍德封的孤独日子里发展了它。

而我呢，我说：所有这些小的成功

夏尔－爱德华·让内雷位于雅各布街的工作室。

都是早熟的。毁灭就在眼前。我们不在沙砾上建造。行动开始得太早。您的战士都是幽灵。当战斗打响的时候，您将是独自一人。您的战士们都是幽灵，因为他们不知道自己的存在，不知道自己为什么，又怎么样地存在。您的士兵们从不思考。而明日之艺术将是思考的艺术。

崇高的理念，向前！

您忠诚之至的学生

自学成才的勒·柯布西耶在每一个新的项目中都对自己进行反思。他是所有学校和学院坚决的反对者，他在写于1937年的一本书里解释了这一点。1937年，从美国回来以后，他写了《当大教堂是白色时》（Quand les cathédrales étaient blanches）。

巴黎美术学院

学校是19世纪诸多理论的产物，它们要亦步亦趋地完成各门科学在不同领域的各种巨大发展。它们扭曲了诉诸想象力的各种活动，因为它们确定了“真实和确定”的、公认的、打上了印记的、可获得文凭的“经典”和规则。在一个日新月异的时代，今天与昨天毫不相似；而学校却在“文凭”的形式下，公然设立了限制。它们就这样与生活作对，在一个密闭的瓶子里扼杀了建筑师。这个瓶子远离材料的重量，远离物质的张力，远离工具所带来的巨大进步。它们从物质上、时间上、价值上诋毁了各种工艺与技能。建筑不是表达生活，而是逃避开去。19世纪与20世纪令人恐怖的丑陋从学校中纷至沓来。这种丑陋不是恶意的果实，与此相反，它们产生于异质、不和谐、观念及物质化之间的脱离。素描置建筑于死地，而学校中教授的正是素描。居于这一切令人遗憾的教学实践之首的，便是巴黎美术学院。它沉浸在一种模棱两可之中，装饰着某种神圣，而这神圣，只不过是篡夺了先代的创造精神而已。它位于最令人困惑的矛盾之中，在最守旧的方法的严格控制下，一切都只是诚意的问题，是艰苦的工作，是信仰。

在美院的教学当中，我最佩服的就是学生们所掌握的精美纯熟的手工……但愿是脑在支配手。我承认他们对于平面、立面和剖面的处理都极优雅。但我想让智慧主导优雅，尤其想要智慧不遭到嘲讽。我感到遗憾的是，我们需要用建筑专业以外的东西来设想美院作品的实现；需要召唤现代技术师来完成这些成色不足的“奇迹”——如果没有他们所掌握的技术，建造将永远无法得以实现；或者如果使用图纸上所展示的材料，那么建筑便会坍塌。在令人害怕的对金钱的浪费当中，现代在这里被贬低了，它充当着没有肌肉和骨骼的思想的支柱。这是一种夸夸其谈的思想，从这里诞生的就是美院夸夸其谈的建筑学。

我认为这种通过文凭确定的（需要说明的是，这文凭本身也是在学院的阴影下成形的）、拥有至高无上桂冠的奢华形式的教学只是一种夸夸其谈的奢

夏尔－爱德华·让内雷，摄于雅各布街家中。

望。它将被排斥在时代的风起云涌之外。

如果建筑永不会是空虚的，而是健康、合理与高尚的，那么浮夸怎么会成为建筑师所拥有的特权？此外，在这新时代，建筑已经扩展到了那闻所未闻的当代制造的总体当中。建筑在哪里？无所不在！从挡风避雨的居所到各种运输途径（公路、铁路、水路、空中航路）。它是装备，城市、农场、有用的村庄，还有港口以及所有住所所需要的装备——家用设备。它是形式，是我们在这个充满新物质与新功能的世界上手之所触、目之所及的一切。骤然地，在100年的时间里，它使我们的生活沐浴在阳光下激动人心的、生动的造型艺术之中。

对于这一切涉及建筑的、代表了现时代最主要部分的这些活动，难道我们能够给予，或者苛求某种文凭吗？世界存在于文凭之中？如果我们这样提出问题，那么文凭就显得滑稽可笑。我们不再需要文凭。世界是开放的，而非封闭的。

通过众多青年学生对我的倾诉，我了解到了迫于父亲或家庭压力而对文凭勤勉、痛苦的追求。这些可怜的家长幻想着，也许这样一来，孩子们一出学校便能在生活中多分一杯羹；但是这4年或6年的对文凭的追求，耗尽了孩子们珍贵的青春时光，那最具可塑性的、激情四溢的、向多样生活全面开放的年华。文凭像塞子一样堵塞了一切。它说："结束了。你已经停止遭罪和学习了。从今以后，你自由了！""学习"居然成为了"遭罪"的同义词！人们谋杀了青春。什么是学习？是每一天的欢乐，是生命的阳光。与传统教育相反，我要说，如果在生命的每一刻都不止息地提升我们学习的能力，人们将从中找到幸福——没有代价、没有限制、没有期限的幸福，直到生命的最后一天。我们将造就不同的人——新的人。

……

我想极其谦卑地尝试理解，为什么法国政府自认为有授予文凭的权威？我梦想着一个以管理现时、以引导人民面对不断变化的生活为使命的政府，而不是处处树立障碍的政府。

两个基本来源：过去与自然

从对过去作品的研究和对自然的沉思中，勒·柯布西耶找到了思考和灵感的两个基本来源。然而，他既不崇拜古物，也不迷恋民间物品。因为时间总在不停地流逝，他想从中明白的是缘由与逻辑，以及制造它们的途径。在自然中，他找寻的是一种有机体创造的形象，那些形式、结构以及物质。他后来的造型艺术作品中的一部分便源于此。

在《与建筑学学生对话录》中，勒·柯布西耶努力尝试从历史经验中抽取出一种鲜活的概念。

为了捍卫创造的权利，我请过去作证。这过去曾是我唯一的师父，也将继续是我永恒的训诫者。任何沉着冷静、投身于建筑创造中的人，都只能依凭过去数个世纪的经验才能实现其飞跃。时间所做的证明具有永恒的人文价值，我们可以称之为“民间传说”。通过这一概念，我们希望表达的是在民间传统中体现出来的创造精神之花，它从人之国一直延伸到神之国。这种创造精神之花将传统融入历史传承的链条，每一个环节都无一例外是其时代的创新者，或更经常的是革命者：一种新的元素。由一个又一个“路标”标明的历史，保留下来的只是这些可靠的证明。那些模仿、剽窃与折中统统被抛在一边，被弃绝甚至摧毁。对于创造者而言，对过去的尊重就像是子女对于父母的自然态度：儿子对父亲的爱和尊重。我将向你们展示，从我青年时代起就对民俗研究怀有怎样的关心。

那以后，我挽救了享有盛名的阿尔及尔的卡斯巴（Casbah）旧区。人们想要摧毁它，因为它纵容了太多坏孩子。还有马赛的老港口，路桥部的人仓促地下结论认为可以将之改造为南部高速公

威尼斯，拉乌尔·拉罗什（Raoul La Roche）收藏的勒·柯布西耶画册中的一页。

路的枢纽。至于老巴塞罗纳，它给我提供了一个探寻城市古迹利用方法的机会。然而，这一切都不能阻止那些恶意中伤：他们控告我蓄意、系统地摧毁过去！

面对一个宁愿倒卖祖先遗物而不愿自己从事生产的父亲，有的儿子会蛮横无理，有的儿子会无动于衷。你们应该不会将这种不逊与懒散混淆为爱与尊重吧？然而，最让人伤心的是思想上的自暴自弃。一些国家满足于穿着民俗的旧衣。一群为数不少的怯懦、贫乏、畏首畏尾者，在民俗之下暗自准备着，要把城市与乡村覆盖上虚伪的建筑。梭伦 [Solon，古希腊立法者和诗人（前640—前 558）。——译者注] 也会因为这样的罪行受到惩罚。我 23 岁时，经过 5 个月的跋涉，到达了雅典的帕特农神庙。它的三角楣还屹立着，建筑的侧面已经倒塌，柱子和柱顶盘被爆炸掀翻在地——土耳其人曾将火药放置其间。在几个星期的时间里，我用我虔诚、不安、震惊的双手触摸了这些石头，这些屹立的、高耸的石头演奏着最美妙的音乐：毫无疑问，这是诸神的真理。

然而，过去也留给了我们丑陋的东西。在《今日装饰艺术》一书中，建筑师表达了他对于所有偶像崇拜的不信任。

过去也不是一个不会犯错误的实体……它有美丽的，也有丑陋的东西。低级趣味并不是昨天才产生的。对现时而言，过去具有一个优势：它深埋于遗忘当中。我们对于过去的关怀，并不会激发如同我们针对当代事件那样的激烈反应。它在休闲的时刻轻抚着我们，我们以一种无私的宽容沉思过去。人种志的意义、道德文件、历史价值以及收藏价值，这一切都添加到了美或丑的状态中去。在这两者的取舍之间，利益显现出来了。我们对于先于我们的文化物品的崇敬通常是物质性的。与我们自己身上的动物性，以及所有缓慢行进的文明的所有其他产品的迷人相逢也都是物质性的：市集节日上的简单人类动物。文化是一种朝向内在生命的过程。金子与宝石的装饰是我们今天还穿戴着的野蛮盛装。

没有任何实用的或是高雅的理由能够宽恕或解释偶像崇拜。既然偶像崇拜强烈地自我展示为一种癌症，那么让我们都做偶像破坏者吧。

在 1936 年 9 月 23 日写给德兰士瓦（Transvaal）一个建筑师群体的信中，勒·柯布西耶宣称自己将弃绝任何的学院主义，要从对自然的观察中找到新的灵感。

我相信我们还没有充分地认识到这一点：整个世界正经历着本质性的重熔。一种新的文明诞生了，过去的一切都不足以表达它。

所有的一切都应该被翻新，也就是说，表达一种崭新的意识状态。对过去的研究有可能会开花结果，但条件是要远离学院教育，要跨越时间和空间，将好奇延伸到那些纯粹地表达了人类敏感性的伟大的或谦卑的文明中。建筑应该从“绘图板”上被扯下来，应该根植在心灵和大脑中，尤其应该在心灵中，这是爱的证明，爱那些合理与敏感的、那些创造与变化的。理性是向导，仅此而已。

怎样丰富其创造性呢？不是沉溺于建筑杂志，而是出发去探索广袤无垠、深不可测的自然。那里才真正是建筑学汲取经验的地方。这首先是一种恩赐！是的，这种柔软、这种精确、这种和谐孕育的结合是不可否认的事实。自然在所有的事物中都将之展露出来。从内到外都是宁静的完美：植物、动物、树木、风光、大海、平原以及高山，甚至那些自然灾害、地壳变动等等都完美和谐。张开你的双眼吧！从那些狭隘的学术争论中走出来吧！热情地献身于对事物的理性追求中去吧，建筑会成为水到渠成的结果。

打破“流派”[我求求你，无论是“柯布”派还是维诺艾尔（Vignole）派]，不要套路，不要“窍门儿”，不要把戏。我们处于现代建筑发现的起点。愿新鲜的“曲调”从四面八方升起。百年之后，我们或许可以论及某一“风格”，但绝不是今天。今天我们需要的风格，只是说在创造、真正创造的作品中所蕴含的精神风度。

我希望建筑师们——不仅仅是大学生们——拿起笔来去描绘一株植物、一片叶子，去表达一棵树的精神、一个贝壳的和谐、云层的组成与沙滩上浪花的变幻。去发现逐渐表达出的内在力量。愿那手（与其后的脑一起）醉心于这内心的追寻。

从美国回来以后，勒·柯布西耶在其作品《当大教堂是白色时》中表明了自己对于人类之友——树木的爱。

树木，人类之友，有机创造的象征；树木，建造的完美形象。虽然它们依照一种完美的秩序，然而表达的却是一个令人迷醉的场面，以最异想天开的阿拉伯风格图案展现在我们眼前。它是富于节奏的数学游戏：每个春天，它的枝叶都慢慢地变为崭新的、张开的手。叶脉是那样的比例得当、井然有序。它是我们天与地之间的被，是我们眼前慷慨的屏障。这是运用于我们的心与眼的恰当尺度，也是我们的永久建筑或许应该采用的几何学。它是城市规划师手中的珍贵工具，是自然力量最综合的表达。在城市中，它是环绕着我们的工作与休闲的自然。树木，人类的千年之伴！

太阳、空间与树木，我将它们视作城市规划的基础材料，“本质快乐”的携带者。通过对这一点的肯定，我想要将人重新放回城市，放回到自然环境的中心，他的基本情感之中。

如果没有树，便只剩下了创造的技巧；有时，在某些庄严的场合，这是合法的，通过极端的严格性，它表现出了几何的纯净与力量。然而，在无数的场合，当城市中根本或部分没有覆盖树木时，一切都会显得孤寂、不雅与突兀。这样的赤裸与贫乏令人哀伤，令人迷失在秩序的缺乏所引起的不安和命中注定的无序的任意性中。

即使在曼哈顿的中心，人们也保留了“中央公园”。

人们不是乐于指责美国人只追逐金钱吗？我却敬仰于纽约当局的个性与力量。它在曼哈顿的中心保留了花岗岩与树木：一座占地 340 公顷的公园。

如同勒·柯布西耶在《与建筑学学生对话录》中所吐露的那样，根、化石、骨头、卵石或燧石可以成为“唤起诗意的物体”以及造型艺术作品的灵感来源。

从它那方面，自然可以加入一些不可思议的敏感的元素。“唤起诗意的物体”就是强有力的证据。通过形式、尺寸、材质以及保存的可能性，它们有能力占据我们的家庭空间。这是一颗被大海浸泡过的圆润的卵石，那是一块被湖水或是河水冲刷去棱角的断砖。这是枯骨或化石，或是树木、藻类的差不多已经石化了的根。那些完整的贝壳，或光滑如瓷器，或雕琢如希腊、印度的古器；那些不完整的，则揭示了它们所拥有的、令人震惊的螺旋状结构。这些种子、燧石、晶体、碎石以及木块，讲着自然语言的无限证明，被我们的手所抚摸，被我们的眼所观察，引起无限遐想……正是通过它们，一种友好的联系在自然和我们之间建立起来了。在某一个时刻，我将它们作为了油画和壁画的主题。通过它们，不同的特质被表现出来了：雄性与雌性、植物与矿物、蓓蕾与果实……以及一切的细微差别，一切的形式。而我们，被置于生活中的男女，根据我们那受过锻炼的、精心磨炼的、敏锐的感性，在我们的心灵中创造精神的东西。我们是活跃的，至少不是消极或漫不经心的，而活跃的结果就是参与。参与、衡量、欣赏，在与自然的“直接接触”中，我们感到幸福。它向我们诉说着力量与纯净，讲述着一与多的辩证。我衷心希望你们用你们的画笔来描绘这些造型事件，这有机生活的明证。在那囿于自然与宇宙法则的形体之下，它们是如此的雄辩：从石子、晶体、植物以及它们的退化器官，一直到天上的云雨，地质学上的侵蚀，飞机上见到的景色……在这里，自然——我们的避难所——只是不同元素之间的永恒战场。这将替代对于古代石膏的古板研究。后者消弭了我们对古希腊人和罗马人的尊敬，就如同教理讲授黯淡了《圣经》的光芒。人们避开颜色的禁锢，如同拒绝既定答案的牢狱。

进步：《当大教堂是白色时》

勒·柯布西耶希望在一种“新精神”的指引下，建筑师能够不再沿袭过去的范例，而去实现一种为了人的幸福、根据人体比例而建造的新建筑、新城市。与20世纪的学院派保守建筑师针锋相对的，是工程师们的大胆设计。

通过《当大教堂是白色时》这个带有挑衅色彩的标题，勒·柯布西耶将那些在中世纪的城市上方屹立起“上帝的摩天大楼”的人们的大胆与20世纪建筑师的畏首畏尾对立起来。

我想要让那些人自我检讨和后悔。他们怀着凶残的仇恨。他们怯懦、精神贫乏、缺乏活力却以一种有害的猛烈力量来摧毁或攻击这个国家（法国）在这个时代最美的东西：创造、勇气和创造性的天才，尤其是在与建筑相关的事情上。在这些事情上，理性与诗意并存，智慧与企业携手。

“新精神”，这同时也是一种新的字体。

当大教堂是白色时，欧洲的各种职业都追求一种全新的、挥霍无度的、疯狂大胆的技术。对这种技术的应用导致了意想不到的形式系统。这些形式的精神鄙视千年传统的馈赠，毫不犹豫地将文明投掷到一种未知的冒险当中。统治白色人种的一种国际语言，便利了思想的交流与文化的传播。一种国际风格从西方延伸到东方，从北方扩展到南方。这是一种带来精神愉悦的、汹涌的风格：对艺术的爱、无私，以及从创作中感受到的愉悦。

大教堂是白色的，因为它们是崭新的。城市也是崭新的。人们依据图纸规范地、几何地、有序地制造各个部分。法国新砌出来的石块白得发亮，就像当年雪白炫目的雅典卫城，就像当年埃及金字塔发光的抛光花岗岩，在所有环绕着崭新城墙的城市和乡镇之上，上帝的摩天大楼统治着整个地区。人们将大教堂造得尽可能的高、出奇的高，高到与周围不成比例。不，这样说是不对的。这是一种乐观的行动，是勇气的表示，是骄傲的象征，是技艺精湛的证据！通过向上帝呼喊，人类表明了自己的坚持。

一个新的世界开始了。白色的、清澈的、快乐的、干净的、纯粹的、义无反顾的。新的世界如同废墟上的花朵一般盛开。人们离开了那些既有的用途，人们背转了身。100年过去了，奇迹诞生了，欧洲改变了面貌。

大教堂是白色的。

我只想要展示这个过去的时代与我们今天的时代有着巨大的相似性。属于我们的大教堂，还没有树立起来。大教堂是属于别人的，那些死去的人们。它们被烟炱熏黑，被岁月腐蚀。一切都因烟炱而变黑，因磨损而蚀坏：制度、教育、城市、农庄、我们的生活、我们的心灵以及我们的思想。然而，在偶然性中，一切都是新的，新鲜的，在世界中诞生。朝向死亡事物的眼睛，已经看向前方。风转向了，冬天的风被春天挤走了；黑色的天空中弥漫着大片的乌云，它们暴躁不安。

这些在看的眼睛，这些知道的人，应该让他们去建造新的世界。当新世界最初的白色大教堂被建立起来的时候，人们将会看到，人们将会知道：这是真的，一切已经开始。大转变将以怎样的热情、怎样的虔诚、怎样的如释重负得以实现！证据将在那里。战战兢兢，世人要求先看证据。证据？证据就是：在这个国家，大教堂曾经是白色的。

……

生活在四处迸发。除了那些“制造”艺术的作坊，除了那些谈论艺术的小团体，除了那些隔离、定位、瓦解有质量的精神的书本。

没有生活危机。

有的只是行业的危机：艺术的工匠。

造型艺术家正在世界各地进行高密度的、无以计数的、没有限制的制造。在每一天、每一刻，大地都看见新的光芒出现。这是真，是现时的美。这也许是昙花一现，但明天，新的真，新的美又会破茧而出。后天……

就这样，生活得以填充，充溢。生活多么美好！我们没有愿望，也没有奢求确定将来永恒事物的命运，难道不是吗？所有的一切，在每一个时刻，都只是现时的产物。

现在的时刻是具有创造性的，是具有闻所未闻的强度的创造者。

一个伟大的时代已经开始了。

一个新的时代。

无数个体和集体的作品已经表现出来了；当代制造已经几乎全部与之结合了；工作室、手工作坊、工厂、工程师、艺术家——物品、雕像、计划、思想——机器文明横空出世了。

新的时代！

根据种种相似之点，距今7个世纪

以前，曾经一个新的世界出现过，当大教堂还是白色的时候。

在《走向新建筑》中，勒·柯布西耶宣扬了他对于机器、大客轮以及飞机的倾慕。

不知名的工程师、机械师远在油污的锻造车间里设计和制造了这些美妙的事物——大客轮。我们这些其他陆地上的人，不知道应该怎样欣赏它们。如果我们能够去看一看一艘客轮该有多好。在客轮上走上几千米可能会教会我们在这“新生”的作品面前脱帽致敬。

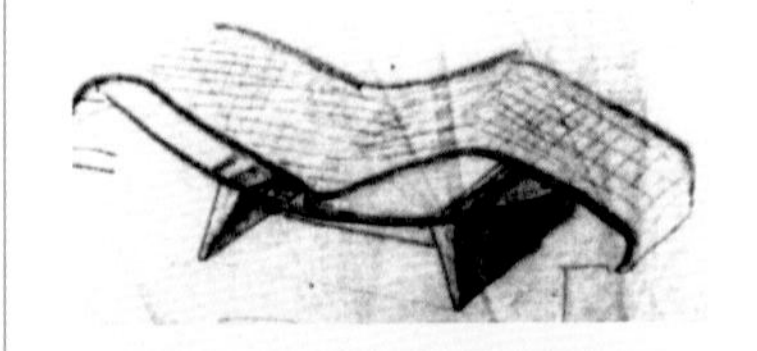

建筑师们生活在学校经验的狭隘里，生活在对新的建造法则的忽略里。他们的观念还停留在相接的隔墙支柱上。然而那些制造大客轮的人，勇敢而博学。他们制造了如此庞大的宫殿，大教堂在它们旁边也显得渺小。不仅如此，他们还将这些宫殿放到了水里。

建筑在实用里窒息。

……

让我们暂时忘记大客轮是运输工

从家具到城市，勒·柯布西耶都遵循同一个新世界的概念。
上图所示的是一张长椅，下图所示的是巴黎瓦赞方案（1925年）。

具，而用一种新的眼光来观察它。人们会感到矗立在面前的是大胆、严整、和谐、平静、神经质却强烈的美。

一个严肃的建筑师如果从建筑师（机体的创造者）的角度看大客轮，他会发现被诅咒了数百年的奴役的破除。

他将会选择对自然力量的，而不是对传统懒惰的尊敬；与那平庸的卑微相较，他一定倾向于雄伟的解决方案。这些方案来自于对这个时代所提出和需要的问题的解答。这个努力的世纪，刚迈出了巨人的一步。

陆地上的房子还是过时了的小尺寸世界的表达。大客轮是实现根据一种新的精神来组织世界的第一步。

……

建筑是一种职业，仅仅是一种职业。在这里，进步不明显；在这里，懒惰统治一切；在这里，人们还在引证昨天。

在别处所有的地方，对于明天的忧虑引起困扰并导向一个答案：如果我们不前进，就会倒闭。

然而在建筑界，人们好像从来不倒闭。这是享有特权的职业。唉！

从建筑学的立场出发，我将自己置于飞机发明者的精神状态。

飞机的经验主要不在创造的形式。首先需要学习的是，不要在飞机中看到鸟或者蜻蜓的影子，而是一个能飞的机器。所以飞机的经验在于问题给定的条件和由此导出成功实现的逻辑。当一个问题被提出的时候，在我们这个时代，无一例外都能找到答案。

对于房子的问题，并没有被提出来。

在《今日装饰艺术》一书中，建筑师表达了对机器美的惊叹，认为它是真实与准确的精心表达。

机器的奇迹在于创造了和谐的构件，至少是一种随着经验不断接近完美的和谐以及一种将精练带入其间的发明。

所有的人类劳动都要得到检验，或早或晚。也就是说，这些劳动总要在精神上、头脑中、意识里产生效果。在那些触及我们情感的领域，证明来得很晚。岁月流逝，人们或被错误地吹捧，或被不公正地贬损。声誉的恢复或丧失都来得很晚。在当代艺术的混乱当中，缩小由数个世纪以来撒播的赘疣引起的膨胀和冗长不无好处。机器的证明是即时的：转或是不转！因果关系是直接的。

一般来说，所有转动的机器在即时都是真的。这是一个可行的存在，一个清楚的机体。我相信我们的倾向性正是决定于这种清晰和安全的可行性。这是一种父性的情感：一个活着的人被创造出来。

但是，其他的因素也加入到这模糊、深沉又真实的感情中。机器是计算，而计算是人类创造的、用于装备我们存在的系统。它通过我们认为准确的划分，来解释我们所感觉到的宇宙；通过有序生活的明显证明，来解释我们所看到的自然。这种计算的图像表达就是几何，这种计算的实现也是通过几何建立的。几何是我们的方式，对于我们而言珍贵的方式。它是我们衡量事件和事物的唯一方式。机械就是几何的产物。几何是我们最伟大的创造，它使我们心醉神迷。机械直接反应于视觉、触觉和意义。机器真的是诸多生理感觉的实验场，比雕塑更丰富而且有序。

从1914年开始，勒・柯布西耶就开始捍卫规模建造（*construction en série*）的思想。这种建造是通过依据模数工业化生产的元件组装而成的。他在《走向新建筑》一书中介绍了这一思想的几个原则。

成批生产的房屋。一个新的时代开始了。

这里存在一种新的精神。

工业，就像奔涌的河流，给我们带来了被新思想所推动的新时代的新工具。

经济的原则绝对地指导着我们的行动和思想。

房屋的问题是一个时代的问题。今天，社会的平衡决定于此。在一个革新的时代，建筑的首要任务是修正价值体系，修正房屋的组成部分。

大批量生产是基于分析和实验的基础之上的。

大工业应该负责建造，并规模化地建造房屋各部件。

应该树立“大批量生产”的精神。

建造大批量生产的房屋的精神。

居住于大批量生产的房屋的精神。

设计大批量生产的房屋的精神。

如果人们从心中驱除关于房屋不动的观念，而用一种批判和客观的眼光来看待房子的问题，那么就能够认识到房屋是工具。大批量生产的房屋是健康的（也是合乎道德的）、美丽的劳动工具，伴随着我们的存在。

同样美丽的，是艺术家意识所能带给这些严格和纯粹的机件的所有活力。

……

一个新的规划新近被确立下来。卢舍尔（Loucheur）先生和伯纳瓦伊（Bonnevay）先生向议会申请颁布建造50万套廉价住宅的法令。这在建造史上是少有的契机。它也要求有非同一般的方法。

然而，一切都需要新创造。要实现这个庞大的计划，一切都还不成熟。相应的精神还不存在……建造领域还没有专业化。专业化的工厂和技工都还不存在。

但是，只要系列化的精神诞生了，转瞬之间，一切都会建立起来。实际上，在建造的各分支里，工业越来越倾向于改变某些天然的原始材料，成批地制造我们称之为“新材料”的东西：水泥和石灰、轧铁、陶瓷、绝缘材料、管道系统、五金制品、防水涂料等。所有这一切都在一时之间，陆陆续续、杂乱无章地融

于 1914 年建立的 Dom–ino 原则已经准备用于系列化生产。

入正在建造的房屋里。它们出其不意地添加到建筑中，在浪费巨大的人力的同时，也只能找到折中的解决办法。这是因为这些建造的不同物件并没有被分类。因为精神状态并不存在，人们不可能投入到对物体的理性研究中去，更谈不上对建筑本身的理性研究。

大批量生产的精神，在建筑师和住户看来都显得面目可憎（通过感染和说服）。想想吧，人们好不容易才气喘吁吁地实现了地——方——特——色！呼！最滑稽的，我们是由被侵略国家的废墟引向地方特色的。在庞大的重建计划的面前，我们走到自己的玩具陈列板上取下潘的魔笛吹奏。我们在各种委员会里吹奏它，之后人们投票决定。下面是一个值得引述的例子：人们利用地方特色强迫北方铁路公司在巴黎至迪耶普（Dieppe）沿线修建 30 个不同风格的车站，因为这些快速列车根本就不停靠的 30 个小站，每一个都拥有一个丘陵或者一棵苹果树，这些标志了它们的特色、性格与灵魂。潘的不可抗拒的魔笛！

渐渐地，人们看到了工厂生产了如此多的大炮、飞机、卡车、车厢以后，不由得自问：我们难道不能制造房子吗？这才是完全符合时代的精神状态。没有什么是就绪的，但是一切都可以去准备。在未来的 20 年，城市和市郊的小块地皮的建筑将会扩大并相交，而且，它们不再呈令人绝望的不规则形状。系列化部件将被使用，施工场地将会实现工业化。人们或许终将停止“量体裁衣”式的建造方式。社会的必然演进或许会改变房客和房东之间的关系，或许会纠正对于住宅的概念；而城市，将变得井然有序，不再杂乱无章。房子将不再是现在这样的、挑战岁月的厚重玩意儿，也不再是富丽堂皇的、用于展示财富的东西，而是像汽车一样，它将成为一种工具。房子将不再是一个古老过时的实体，通过深深的地基厚重地埋于地下；它将不再需要“艰难”地建造；它也将不再是崇拜的对象。在那么长的时间里，家庭、种族的祭祀都在这里发生……

建筑，是用于感动的

与大部分的建筑师不同，勒·柯布西耶有许多著述。对阅读和写作的浓厚兴趣，让他体会到表达和分析自己思想的必要，即便这些想法已经在草图或工地上实现了，他也要重新审视。如果说他不断地在更新自己的建筑表达，那么，终其一生，他也就是在不同的书中反复重申了几个主要观点。

在《走向新建筑》一书中，勒·柯布西耶阐述了建筑在制造之外，是用于感动的。

人们使用石头、木材、水泥；人们用它们来造房子、宫殿，这是建造。精巧性在积极作用着。

然而，突然之间，您抓住了我的心，您让我感觉那么美好，我是幸福的，我说：真美。这是建筑。艺术在这里。

我的房子很实用。谢谢，就像对所有修建铁路的工程师和电话公司一样，我说谢谢。您没有触及我的心。

然而，墙以这样的秩序升向天空，我感动了。我感到了您的激情。您是温和的、粗犷的、富有魅力并且威严的。您的石头这样对我说。您将我与这个地方连接在一起，我的眼观看着。我的眼看着那陈述一种思想的某种东西。这种思想并不是被词语或声音，而只是被一些相互有关系的棱柱所照亮。这些棱柱在光线中彰显。这些关系并没有任何必要的实用或描绘的特征。它们是您精神的数学创造。它们是建筑的语言。通过那些无活力的材料，超越于或多或少功利主义的规划，您建立的那些关系感动了我。这就是建筑。

在《现代建筑学年鉴》中，勒·柯布西耶重拾了建造－建筑这一对比：房子是居住机器，但是为人而做的。

房子有几个目的。首先是居住机器。

斯坦因别墅，如同所有的纯粹主义别墅一样，提供了“建筑学的漫步”。

也就是说，一种致力于为我们提供有效帮助的机器，在工作中快速而精确；同时，它也是一种勤勉而体贴的机器，满足身体的各种渴求；舒适。其次，它也是沉思的有用之地。最后，它应该是美之所在，为精神提供其所需的宁静。我不敢妄言艺术是所有人的粮食，我只是说，对于某些精神而言，房子应该带来美感。房屋的实际用途，是工程师的工作；然而一切关于沉思、美感以及统治其上的秩序（它也是美的支持），则是建筑。工程师的工作是一个方面，建筑师的则是另一个方面。

房屋直接来源于人类中心论。也就是说，一切都归结到人。就是由于这个简单的原因，房子注定了只与我们有关，并且比任何别的事情更引起我们的关注。我们的行动与房子相连，就如同蜗牛与它的壳一样。因此，它必须要依据我们的尺度来制造。

于是，一切都被导向人体比例。这是必须的。因为这是唯一可采用的方法，是唯一可看清楚当下建筑的途径，也是唯一彻底修正价值观念的途径。修正是必须的。在经历了文艺复兴的最后一波、前机械文明6个世纪的成果以后，这个辉煌的时代刚在机械主义面前破裂了。这是一个不同于我们世纪的时代，它所专注的是外部的奢华、贵人们的宫殿、教皇的教堂。

勒·柯布西耶认为建筑在行走中自我发现。在他好几个建筑作品中，他都凸显了这个重要主题。在《与建筑学学生对话录》中也如此。

建筑自己行走，自己奔跑。它一点都不像某些教员所说的那样，是围绕某一个抽象中心组织起来的图表。根据后者的说法，人就成为了一个怪物，因为他拥有苍蝇般的眼睛，可以自由地看到四周的物体。可是这样的人是不存在的。正是基于这样一种混淆，古典时代才触发了建筑的毁灭。与此相反，我们人的双眼是位于面部前方、在地面以上1.6米左右、朝前看的。人的生理结构本身足以断定那些以某一荒唐的中心点为轴心的设计是错误的。人两眼直视着前方行走，在屋子里根据自己的需要移动，周遭的建筑事实因此一一展现在他的眼前。他会感到激动，这是连续的精神震动的果实。

……

在这对外部循环的反应中，我们所谈论的是生或死的问题。是建筑感觉的生死，是感情的生死。那么，可想而知，当涉及内部循环时，它将怎样的贴切。不客气地说，活着的人体就是一个消化道，那么简而言之，建筑也是一种内部循环。这并不是针对功能性原因而言，而是特别的基于情感的原因。事实上，作品的不同方面相得益彰。而这部交响乐只能随着脚步所至被感觉到。目之所及是不同的墙面或视角，是门后那些意料之中或之外的新空间，是影子的不断变动；是通过窗户或窗洞透进来的微光或光线，是那些布置精到的近景或远景。内部循环的质量将是作品的“生理”效能。实际上，建筑体的组织与建筑的合理性相连。好的建筑在内部如同在外部一样，“自己行走”与“奔跑”。这是活着的建筑。品质低劣的建筑则凝固在一个固定的点周围，脱离现实、矫揉造作，与人体法则毫不相干。

对于勒·柯布西耶来说，平面图非常基本。建筑表达是它的结果。建筑表面在基准线的帮助下，应该具有同样的严整秩序。至于建筑体周围的环境，也是建筑场景的一部分。在《走向新建筑》中，他陈述了这三个观点。

平面图

制作一张平面图，就是将想法具体化并确定下来。就是想法的诞生。

再将这些想法秩序化，使它们清晰、可行，并可转移。因此，必须显示出一种具体的意向。在某种意义上，平面图就是一个概括性的目录，它的形式是那样的浓缩，就好像一个结晶体、一张几何图。它包含有大量的想法以及作为“火车头”的意向。

在一个大的公共机构——美术学院里，我们学习了一张好的平面图的主要原则。然后，年复一年，人们确定了一些教条，一些既有模式及一些窍门儿。最初的实用教育成为了一种危险的经验主义。对应内在的想法，人们做出了表现于外的标志，一些“外貌”。想法以及蕴藏在这些想法中的意图再次被投射到平面图上。后者变成了一张纸，纸上的黑点是墙，线条是轴线。如同马赛克拼图或是调色板，它们是闪亮的星星构成的图画，激发光学幻象。最璀璨的星星成为了罗马大奖。然而，平面图是调节器。“平面图是一切的决定者：乍看起来，它就像是一种朴素的抽象，一道枯燥的代数题。”这是战争的计划。战争随即就会发生。这是一个关键的时刻。战争是敌对双方在心理上和空间中的碰撞。这就是事先存在的一堆想法和作为“火车头”的意图。如果没有好的平面图，那么一切都不会存在，一切都会变得脆弱而不持久。在一堆华丽的杂物下面，一切都显得贫瘠。

从一开始，平面图便包括了所有建造的程序：建筑师首先是一个工程师。然而，让我们停留在建筑的领域，这是超越时间而存在的东西。专注于这个视角以后，我将开始把注意力引向如下这个主要事实：一个平面图包括内部和外部，因为一座住宅或一座宫殿是类似于活体的组织。我之后会谈到内部的建筑元素。然后是布局。在一个整体环境里看建筑效果，我将会再次展示，在这里，外部始终是一种内部。

基准线

基准线是针对任意性的保障。它是一种核对的过程，证明所有的工作都是在热情中被创造的；它是小学生的去九法，是数学家的 C.Q.F.D.。

基准线是一种精神秩序的满足。它将导向一种对于巧妙与和谐关系的研究。它赋予作品以节律。

这种带有数学敏感性的调节线展示了对秩序的一种良好感知。对于基准线的选择，确定了作品的基础几何，它由此决定了最基本的底色之一。对于基准线的选择，是灵感中最具有决定性的时刻之一，它是建筑最主要的一道工序。

外部永远都是一种内部

在巴黎美术学院，当人们画着那些星形轴线的时候，想当然地认为在建筑体前的人们只敏感于建筑体本身，他们的眼睛必然地只会停留在这些轴线所决定的重心上。然而，人类的眼睛在探究的时候是转动的，而人体本身也总是转动的，向左、向右转动，甚至是旋转。他对一切都感兴趣，被整个建筑环境的重心所吸引。于是，问题扩展到了周边环境：周围的房子、远处或近处的山峦、或高或低的地平线，都是用它们形体的力量发出和声的奇妙音部。可见的与实际的立方体不断地被智慧所测量与感受。对于立方体的感觉是及时而且极重要的：也许你的建筑是一个 1000 立方米的立方体，但更重要的是环绕于它周围的上百万立方米的空间。接踵而至的是对于密度的感觉：一块乱石、一棵树、一个丘陵，在密度上远远没有对形式的几何安排集中。大理石在视觉和精神上比木材更紧密。总之，总有一种等级存在。

巴黎圣母院正面的基准线。由夏尔－爱德华·让内雷绘制。

总之，在建筑场景里，环境的诸多因素会依据它们的体积、密度、材质的质量介入进来。这些都是定义明晰却彼此不同的感觉的载体：木头、大理石、树木、草坪、蓝色的地平线、或近或远的大海、天空……一个场地中的诸多因素，就像那些拥有不同体积、地质层理、材质等系数的墙那样，就像一个大厅的墙那样矗立起来。墙与光、影或光，忧伤、快乐或是宁静……要用这些元素来创作。

占主体的客厅里，阳光灿烂。

建筑创造的活动与建筑家对于严格的追求同样艰难。1925 年，在写给他的一个客户——梅耶尔太太的信中，勒·柯布西耶解释道：“简单并不是容易。”

女士：

我们曾经梦想着给您建造一座如同比例恰当的盒子一样光滑、统一的房子。它不会被那些乱七八糟的偶然所伤害，这些偶然会创造一种虚假的、幻影般的风光，它们在光线下显得空洞，只会给周围环境添加纷乱与嘈杂。我们反对那在本国以及外国肆虐的时尚，因为它造就的是复杂却生硬的房子。我们认为整体比局部更为有力。请您不要认为光滑是懒惰的结果；与此相反，它是长期计划的结晶。确实，这与树林相对的房屋应该具有一种高尚……

大门将在房子的一侧，而非在中轴线上。衣帽间与卫生间都将被掩藏起来。人们不需要走多余的路。如果说人们需要登上一层楼，那是为了来到大树阴影下的客厅。这里还有树林的美景、更多的天空……如果佣人们有自己的住处，房子的结构就会这样安排：没有阁楼，取而代之的是一个花园，一个日光浴场和一个游泳池。在占主体的客厅里，阳光灿烂。在大窗洞的两个大落地窗之间，我们布设了一个温室以调节玻璃易冷的表面。在那里，有高大的珍奇植物。就像我们在某些古堡或爱好者那里看到的温室一样，它还有一个鱼缸或是别的什么。通过位于房屋中轴的一扇小门，一条林荫小径一直通向花园深处。人们可以在那里午餐或晚餐……

楼上只有一个大厅，是客厅，也是饭厅，甚至是书房。啊，对了！还有服务用的升降机。就在大厅的正中央。对，就是这样！我们将用软木砖来制作它，让它就像一个电话亭或是一个暖水瓶那样被孤立起来。奇怪的主意吧！其实并不是真的古怪，其实它很自然。食物从楼下传到楼上，就像输电线一样。究竟应该把它放在哪里好呢？屋子底边的墙壁可以和升降机的墙壁嵌套。于是，我们看到了配有格子家具的小客厅。

小客厅里可以看到大树的叶丛，可以充作夏天的饭厅。如果人们想要演戏，也可以在这里更衣。两边的楼梯可以帮助他们下到舞台——大玻璃窗前……升降机可以一直通向游泳池旁的门，人们可以在游泳池和升降机的背后用早餐。

从小客厅，人们可以上到屋顶。那里没有瓦片也没有石板，有的只是日光浴场以及游泳池，地板的接缝中有青草蔓延。天空就在头顶。由于周围环绕着墙壁，没有人可以看到您。晚上，人们可以看到星星以及圣亚姆丛林的树影。通过滑动的挡板，人们可以完全地与外界隔离。这有点像是在《鲁滨孙漂流记》或是卡巴乔（Carpaccio）的画里。至于花园，它将一点都不同于法式园林，而更像是一些野生的小树林。多亏了圣亚姆的树丛，人们会认为自己已经远离了巴黎……一切都在充足的阳光之下，真好。这个计划，女士，并不诞生于一个办公室图画员在两通电话之间的大胆涂鸦，它是在无数个完美宁静的白天，面对这极经典的场所，长期酝酿的结果。

这些想法……这些怀有某种诗意的建筑学主题，都服从于极严格的建造规范……12 个间隔相同的钢筋混凝土支柱，轻松地支撑起楼板。在混凝土建造起来的外墙框架中，平面可以进行如此简单的安排，以至于某些人（多少人！）认为它近乎愚蠢……多少年来，人们已经习惯了复杂的设计图，而这些设计图给人的印象就好像是人将内脏放在了体外。而我们要做的，就是保证将这些内脏放回体内，分类安排妥当，保证出现在人眼前的只是一个流动的主体。但，这可没有那么容易！实话说，这里才是建筑学最大的困难所在：重整秩序。

如果要使诗意由此萌发，这些建筑学的主题就会引发一些难以解决的相关问题。但一个程序完成以后，一切都会顺其自然。这是好现象。但是，草图之初，一片混沌。

如果说房屋的结构和安排特别的话，那么对那些建筑承包商的要求就不会那么高。这一点很重要，甚至非常重要。这种痛苦的经济约束，只有在有了合适的解决方案后才是可以原谅的……这是对建筑家的赞颂！这妄自尊大的言论，只是为了博您一笑，因为有时候需要笑一笑……

现代装饰艺术没有装饰

在他所有的作品中，勒·柯布西耶都融合了美学和道德的维度。通过纯粹主义、精确和秩序，他所要找寻的不仅仅是视觉的满足，还有精神和情感的愉悦。否定所有“装饰”的现实，将家具定义为“住宅的装备”，勒·柯布西耶将这种美学与道德的双重关系推向了极致。

如果说艺术对人而言是必需的——如同勒·柯布西耶在《今日装饰艺术》中所表达的那样，那么，它跟装饰的虚无性并没有牵连。

现代装饰艺术没有装饰。

但是我们确定，装饰对生存而言，是必需的。应该修正一下这个说法：艺术对于我们而言是必需的，它用以滋养我们的是无利害关系的激情。

因此，要更加清晰地看到这一点，只需注意到无利害关系的感觉和功利主义的需求。实用的需要，要求一种在各方面完善化的设备，就像在工业中显现的某种完美一样。这就是装饰艺术的美妙计划。日复一日，工业制造了一些极其便利、极其有用的物品。那些讨好我们精神的真正的奢侈，从它们概念的高雅、制作的纯粹以及使用的有效中显露出来。它们中每一个都具有的理性完美以及具体确定性，创造了一些足以保证某种一致的关系。这些关系使人们得以辨认出一种风格。

今日之装饰艺术！我将要陷入这样的矛盾当中吗？矛盾只是表象。在这个标题之下，汇集的是所有被排除在装饰之外的东西。这是对那些平凡的、无足轻重的、缺乏“艺术意图”的东西的辩护，这是让眼睛和精神去沉湎于有这样的东西相伴，甚至去起而反抗那些装饰图案，去颠覆诸多颜色与装饰物的喧哗与污秽；是去忽略那有时甚至是颇富天赋的制造；去超越那些有时无利害关系，或是理想主义的行动；去蔑视那么多学校、大师、学生的努力；去这样想：“它们就像蚊子一样讨厌。”然后到达这个“现代装饰艺术没有装饰”的死胡同！我们难道没有这样的权利吗？下面的检验将确认：矛盾不存在于事实之中，而存在于词语当中。为什么要将这些现时占据我们的东西称为“装饰艺术”呢？这就是矛盾之所在：为什么将诸如椅子、瓶子、篮子、鞋子这样的物品称为“装饰艺术”呢？它们只是“工具”而已。矛盾就在于将艺术等同于工具。让我们听好了，矛盾就在于把工具当艺术。《拉鲁斯大辞典》(*Larousse*)将艺术定义为：“为实现一个概念而对知识的应用。”如果我们愿意拿这个定义来开玩笑的话，那么拿工具当艺术的观点便有它的根

一套住宅装备：分割客厅与卧室的墙（局部）。基础是一些标准化的格子。1929 年巴黎秋季沙龙展台布置。

据。因为我们将所有的知识都应用于一个工具的完美实现：知识、灵巧、效率、经济、具体等一堆知识。这是好的工具，极好的工具，最好的工具。现在我们就在“制造”当中，在工业当中；我们在找寻一种远离个人实际的、抽象的、幻想的、荒谬的标准。我们在规范当中，我们创造标准物件。

矛盾确实存在于词语当中。

……

装饰是花花绿绿的，对于野蛮人而言舒适的娱乐。（我不怀疑应该在自己身上保留一定比例的、未被破坏的野蛮，但只要一点点。）然而，在 20 世纪，我们已经极大地发展了我们的判断力，提高了我们的精神水平。我们的精神需求是别样于，并且高于装饰所提供给我们的循规蹈矩的感受的。我们或许应该确认：“一个民族的文明程度越高，装饰消失得越快。”［应该是路斯（Loos）曾这样清晰地写过。］

……

曾经，装饰物稀少而昂贵；今天，它们却无以数计，异常廉价。过去，简单的物品无以数计、异常廉价；今天，它却稀少而昂贵。往昔，装饰品是一种炫耀的资本，比如农民挂在墙上的祖传盘子以及节日的花边外套、君主们炫耀用的器皿；今天，装饰品已淹没了所有大商场的柜台，它们被廉价卖给那些单纯而轻佻的城市少女。如果说它卖得很便宜，那是因为它制作粗糙。装饰本身掩盖了制造的缺陷以及材质的低劣，这是用于伪装的装饰。对于制造商而言，付钱给装饰者来掩饰产品的缺陷，以及隐瞒材质的低劣无疑可获利更多。耀眼的金银制作以及不和谐的杂烩，将人们的视线从瑕疵上转移开去。蹩脚货总是被过度装饰的；而精品则制作精良、清晰干净、纯粹完好，它们的不加修饰更彰显了其制作的精良。工业在这场巨变中起了决定性的作用：一口装饰了的生铁锅比无纹饰的便宜，在那些拥挤、起伏的叶饰中，冶炼的缺陷不再明显。

……

在过去这些年，我们见证了事件发展的不同阶段：随着金属结构的出现，“装饰与结构分家了”。然后是“对建造进行非难”的潮流，这是新知识构成的征兆。之后是对“自然”的赞赏，揭示了重寻“机体”法则的欲望（然而经历了怎样奇怪的、应用上的曲折啊）。往后是对于“简单”的迷恋。这是和我们指向正确的机械真理的第一次接触，是对时代审美的本能展示。

……

如果某个梭伦能制定如下两个令人兴奋的法则就好了：

希波林法则（La loi du ripolin）
石灰浆法则（Le lait de chaux）

我们要制定一个道德契约：爱纯洁吧！

还要指望得更高一点：拥有判断力吧！

这将是一个通向生之愉悦的契约：追求完美！

……

在白色的希波林漆墙面上，那一堆堆过去的死亡之物令人无法容忍：它们将成为污渍。然而它们在花里胡哨的锦

缎和墙纸上却不会明显。

……

如果房子整个都是白色的，那么图案将原样凸显，形体将清楚展现，颜色将鲜艳分明。石灰浆的白是绝对的，所有的一切都将清晰地在那里显现：黑或者白。坦率而光明正大。

你在那里放置了不干净或者低品位的东西，它们会跳入你的眼帘。这有点像是X射线。这好像是永不休庭的刑事法庭，是真理的火眼。

石灰浆是极度符合伦理的。应该通过一条法令规定巴黎所有的房间都刷上石灰浆。我说，这将是一个治安杰作，是高度道德化的表现，是民族

在标准的"卡西尔"(见左图)的基础上，一种分隔厨房与客厅的家具(见上图)被组装出来了。这是勒·柯布西耶与皮埃尔·让内雷，以及夏洛特·佩里昂合作的产物(1929年秋季沙龙)。

伟大的标志。

石灰浆是穷人和富人的财富，是全人类的财富。就如同面包、牛奶和水同是奴隶与国王的财富一样。

在《建筑和城市规划现状详论》中，勒·柯布西耶将家具视作工具的总体。通过最现代的生产方式，它们具有服务于人的不同功能。

那么，什么是家具？

……

家具是：

用于工作和吃饭的桌子；

用于吃饭和工作的椅子；

是形状各异的、用于休息或其他用途的扶手椅；

是用于整理、放置我们所用物品的格子。

家具，它是工具，

也是佣人。

家具满足我们的需求。

我们的需求是日常的、有规律的，万变不离其宗的，

是的，万变不离其宗。

我们的家具回应这种"恒定的、日常的、有规律的功能"。

所有的人都有相同的需求，在每一刻，每一天，甚至一生。

满足这些功能的工具不难确定。进步在于新的技术：钢管、折叠钢板、气焊……我们不断提供比过去更加完善与高效的实现方法。

房子的内部与路易十四时代不再雷同。

好了，这就是冒险。

艺术的综合

对于勒·柯布西耶而言，建筑整体与周围空间对话。“在雅典卫城，神庙将荒凉的景色收拢在它们周围，使其屈从于构图。”同样，所有的造型表达都与它们置身其间的建筑对话。建筑、图画与雕塑在“艺术的综合”中趋于一致。

难以描述的空间

掌握空间是有生命的物体的第一个行动。人类也好，动物也好，植物也好，甚至天上的云也都如此。这是平衡和时间最基础的表达。生存的最初证据便是占据空间。

花朵、植物、树木、山峦都直立着生活在某一环境中。如果说有一天，它们以一种真正宁静却至上的态度吸引了人们的注意力，那是因为它们似乎脱离了所处的环境但又同时激起了周遭的共鸣。我们停下脚步，感触于这样自然的关系；我们环顾四周，感动于空间中这种搭配的和谐；然后我们测量那眼看着辐射四方的东西。

建筑、雕塑、绘画，特别地依赖于空间，它们以各自的方式与空间对话。我们要说的中心意思是，美学感动的关键在于一种空间功能。

“作品（建筑、雕像或是图画）的活动”是存在于其周遭的，周遭的波动、呼喊或者喧嚣（如雅典卫城的帕特

莫利托大楼中勒·柯布西耶的工作室。

农神庙）。线条像光芒般四射开来，像是被炸药炸开一样；周遭远近会因此而受到震动、感动、控制或者轻抚。这就是环境的反应：房间的四壁以及它们的尺寸；广场以及周围建筑的表面形态及其重量；一直延伸到辽远的地平线或是起伏的山峦的风景。所有这一切营造了一种气氛，一种环绕着中心地带的气氛。艺术品，这人类意志的标志，被涂抹上了或深沉或跳动，或坚硬或朦胧，或有力或温柔的色彩。于是协调出现了，就像数学那样精确——这是造型的声学表现。它的结果将是微妙的：或带来音乐的愉悦，或带来喧嚣的压抑。

如果我做出过关于空间的“绝妙”声明，那完全不是出于自我吹嘘的目的。那是1910年左右，我这一代的艺术家们在立体主义方面颇具创新意义的突飞猛进。人们谈到了“第四维度”，而这是出于直觉还是洞见，其实并不重要。我的一生都贡献给了艺术，尤其是对于和谐的探寻。对三种艺术（建筑、雕刻以及绘画）的实践，使我得以从我的角度观察空间现象。

……

长期的严肃思考、演进和迂回把我们从过去的时间中剥离出来，也使我们发现了一个基本的真理：在今日可以对主要艺术，即在空间统治下的建筑、雕塑与绘画进行综合。“意大利式”的透视法已经对此无能为力了，正在发生的事情与此迥异。这正在发生的事情，我们将之命名为“第四维度”。为什么不呢？它是主观的，不可置辩却无从定义的，而且是非欧几里得的。这一发现将会叱责那些流传颇广的、仓促且肤浅的论断，诸如图画不应该突破墙壁，雕塑应该附着在地面上……

我相信，没有不可捉摸的深度，不拔除自己支点的艺术品，是不存在的。艺术是完美的空间科学。毕加索、布拉克（Braque）、费尔南·莱热（Léger）、布朗库西（Brancusi）、洛朗斯（Laurens）、贾科梅蒂（Giacometti）、利普契兹（Lipchitz）……这些画家或雕塑家全都献身于同一征战。

人们现在可以明白主要的艺术是怎样与建筑结合的，就像塞尚砌成的坚实统一体那样。

在极其醉人、令人振奋的氛围中，重要的艺术形式“金门相会”（rencontre de la Porte Dorée）了（Porte Dorée 是耶路撒冷的城门。上帝派遣天使长加百利告诉玛利亚的父母约阿希姆和安妮，说他们将在耶路撒冷的金门相会。他们两人的吻，便诞生了玛利亚。故事强调了玛利亚的童贞，是西方古典绘画经常表现的主题。——译者注）。在彼此的帮助下，它们将驱散笼罩在思想和艺术家周围的迷雾，将传统中的那些多立克柱式檐壁的排档间隙三角楣、门楣中心、窗间墙留在既有位置上，而不是加以否定。城市规划负责计划，建筑学负责实现，雕塑和图画则说出它们想说的

纯粹主义静物，发表于《新精神》杂志，署名夏尔－爱德华·让内雷。当时他还不是勒·柯布西耶。

话——它们存在的理由。

值得注意的是，这些事情是会流逝的。而目瞪口呆的人们，眼睁睁地看着它们经过，却忘了乘车准时赴约。

约会就在重要的今天，在这个日新月异的新世界。它要去迎接一个正在清算过去残渣的、机械主义的社会。这个社会渴望住在自己的房子里行动、感觉和统治。

勒·柯布西耶一生都在绘画。在1965年的一篇题为《绘画》的文章中，他将其造型作品解释为建筑作品的秘密实验室。

绘画，首先是用眼睛去看、去观察与发现。绘画就是学习如何有所发现。发现事物和人们出生、成长、开花和死亡的过程。而为了将眼之所见内在化，必须用绘画这种形式使之在记忆中成为一种生命的印记。

绘画同时也是一种发明和创造，然而创造灵感只有在苦心观察之后方能在瞬间闪现。先是铅笔在探索，然后深入到行动之中，将你带到比你眼前更遥远的地方。这时生物学会介入，因为一切生命都是生物学的体现。我们必须深入到事物的“心”去寻找和发掘。

绘画是一种语言、一门科学、一种表达的方式、一种传递思想的途径。绘画在延续物体形象的同时，可以成为包含了被描绘物体的所有必要因素的资料；而后者本身，已经消失了。

绘画可以完整地传达思想，而不需要语言或词语的解释。它帮助思想结晶、成形、发展。对于艺术家而言，绘画是毫无顾忌地投身于品位、审美以及情感表达的唯一方式。绘画是艺术家借以找寻、探索、标记和归类的工具；是他汲取他想要观察、理解，然后翻译、表达的事物的途径。

绘画可能用不着艺术，它可以与艺术毫不相干；然而，艺术却不能不通过绘画来进行自我表达。

绘画也是一种游戏。人们告诉我，智慧的秘密就在于懂得享受。好吧，我正处在一种永恒的享受状态中！玩牌、玩橄榄球、玩印第安人游戏、玩打仗……小孩子和大人往往在这些事上全神贯注，我则一直在画画。风景、建筑、酒吧里的杯子和瓶子、灯罩、贝壳、石头、肉骨、卵石、小个子的女人、动物，这些就是步骤，就是关键……

艺术，依旧是一个神秘的主题。它只向那些找寻、发现、发明线索的人展现其面目。一条线索，一条艺术的或是艺术家的线索——应该是艺术的线索更为合理。事物是相对的（人类感知随个体而变化）。

地中海边，在马尔丹海角的一间小屋里，一天晚饭后我遇到了手风琴手樊尚。他正在为一位女士倾心演奏。在他们身后，透过栏杆，大海和岩石是那样的美。还有月亮。总而言之美得令人目瞪口呆！在这个温情的时刻，一阵完美和谐的琴音成就了一段美妙的旋律。一切都是美好的，但这一切既很危险，又是艺术的大敌。事实上，这一切都应该，隐没于合力之下。合力就是要寻求并解决和谐问题。但是人们却不向你要求这一点。不要在屋顶上吼叫，不要贴标签。闭嘴。工作。干你的工作（绘画）。这就是人们对画家所说的。

……

作为一个77岁有一定影响力的建筑师，人们要我解释：没有受过正规训练、没有任何准备的我，怎么能够创造一种建筑自然的现代情感？在那些旁观者的抽象结论背后，所有特定的人身上都发生了一些基本的、有决定性意义的事件。但环境却并不允许人们将这一切在屋顶上大喊出来。在这种情况下，从1918年进入建筑界以来，我就从一些原则的表达开始入手。也就是说，30岁那年，我就朝着清晰的目标迈出了我的左脚。而几乎是与此同时，“风暴”爆发了。1923年，一方面是受到了一些无礼的攻击，另一方面也是由于忙于建筑和城市规划活动，在理论和实践两方面，我断然抛弃了我公开的画家身份，虽然这并不意味着我不再像从前那样热爱绘画。

于是，在1923年至1953年间，是30年的沉默。

1948年，我曾写道：“如果人们认为我的建筑作品有一点特色，（今天，我将这句话修正为：如果人们曾经愿意对我的建筑和城市规划作品予以一定的注意。）深究起来应该归功于这秘密的艰苦劳作——绘画。”

马赛居住中心

马赛居住中心在概念上的革命性、工期上的长期性、所遇困难的多重性、行政上拖延的频繁性以及勒·柯布西耶那些宣言的挑衅性，在项目实施的7年时间里，都不断引发了一些激烈的论战。

在《建筑日报》（*La Journée du bâtiment*）中，一位建筑师认为建筑业应该就“光芒四射的房子”是不是一个错误的问题展开讨论。

关于“光芒四射的房子”，是勒·柯布西耶想要在建筑观念上所作的一种“尖端”展示，就像我们喜欢在工作室中预见和“喷发”的那些奇思妙想一样。例如一栋旋转的房子、菇状的房子或者其他更加怪诞的设想，其实并没有什么值得大惊小怪的。因此，与我所有的同事相反，我站在勒·柯布西耶一方，因为能够拥有想法是令人喜悦的，与那些令人遗憾的、墨守成规的某些“名人”计划相比，我更喜欢勒·柯布西耶的构想。但其实这并不能阻止我立即转向我的同事并对他说：“有些事情的确不能够实现。”是的，并不是所有事情都是可能的。人类，就其本质而言，是不可改变的。

马赛居住中心所使用的支柱，立于地面之上，使大楼与地面分隔开来。

在我看来，更加严重的并非如某些人所言，勒·柯布西耶孕育了一个怪物，而是这个怪物（让我们姑且采用这个说法）被送到了公共领域。这是实际的状况,与证明在我们这个“发疯”的城市中，不再存在“安全阀”一样严重。当我们得知某些拉美国家将勒·柯布西耶视作法国当代建筑的投影时，这个状态就更加令人担心了。

……

让我们做一下意识和知识上的检讨：建筑业集体应该对团体中个人的恶习负责。拒绝遵守一定规则的建筑师行业，是我们思想中的无政府主义的富有艺术性的反映。应该建立由富有现代实践精神的艺术家、有品位的人组成的艺术家委员会，由他们在国家计划的层面上来判断，“光芒四射的房子”应不应该被视为一种错误。

鲁佐（R.Rouzeau），见《建筑日报》，
1948年1月25日至26日

与此相反，《艺术》（Arts）杂志强调了马赛居住中心的建筑和社会成就。

要想具有判断力地谈论这个设计，必须去看看施工现场。参观工地的机会刚刚给予了几个被重建部赋予特权的人。这些人希望能够给予这个项目以其应有的意义。勒·柯布西耶在马赛建造的居住单元并不是单项实验的载体，它负载着一大批实验：建造的、造型的、面积之不同利用的、采光的、空气调节的以及居住性的……

整体建筑很高，但是一点都不显得耸立在那里的是一堵墙。这个长135米、高52米、带有横向条纹的表面显得轻巧。很快，人们就意识到，支撑大楼的6米高的支柱在造型方面也是有用的。就像那些家具的脚一样，这些支柱具有道德和美学上的优势，它们使空间解放了出来，同时行人也不会一下子碰到建筑表面。这艘大船显得很轻盈。在支柱之间，周围的景色被分割成了图画。

这个作品现在已大体完工。这钢筋混凝土的架子（勒·柯布西耶称之为“瓶架”，没有比这更形象的比喻了）仅一年后便可居住。届时，就像垒好的瓶子一样，近400套住房将会在这个巨大的骨架里占有自己的格子。

所有那些看到过居住单元，以及那些承认若不使用勒·柯布西耶的方法，人们只能采用柱子建筑的人，都会认识到这是建筑学上不容置疑的成功。然而，这里需要考虑的并不仅仅是一个建筑的问题。这是提供给人类的一种新的生活经验。应该去看看。

S. 吉勒－德拉丰（S.Gille-Delafon），
见《艺术》，1949年12月9日

《自由巴黎人报》报道了由国务委员泰克西埃先生担任主席的“捍卫法国美学协会”提起的诉讼。诉讼的目的是阻止建造的继续。

法国美学的捍卫者、国务委员泰克西埃先生向“光辉之城”发起进攻。当时马赛人已经开始入住。

“光辉之城”已经花费了3亿，而且勒·柯布西耶（其创造者）所领导的团体或许还需要再花费2000万。这就是泰克西埃先生担任主席的“捍卫法国美学协会”要求损害赔偿的金额。

到底是怎么回事？看起来似乎是泰克西埃先生的一生都被勒·柯布西耶先生在米什莱（Michelet）大道竖立起来的巨楼毁了。这个群体所遵循的关于住宅的新概念——它的321个套房、独特的商店、游泳池、运动场和幼儿园，还有连接每一楼层的18条内部街道——

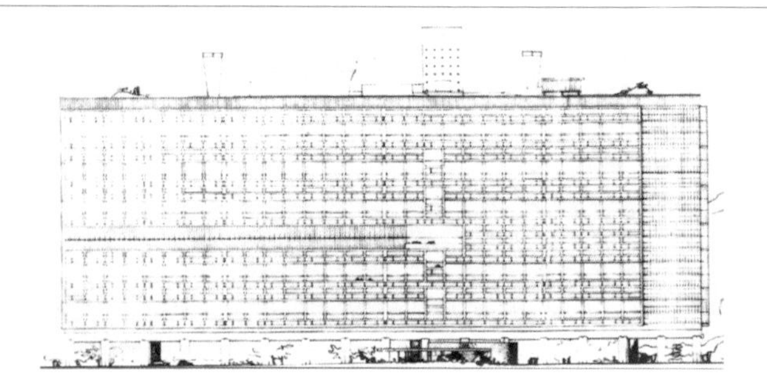

与这个“怪物”格外的丑陋比起来，都不能引起泰克西埃先生的关注。

最早一批住户表示，在掌握了“使用方法”以后，新的住宅让他们很满意，尤其是嵌在公共大厅中的厨房部分。泰克西埃先生对这些意见无动于衷。重要的只有在他看来被伤害的美感。后者是这位原告所亟亟捍卫的。

然而，除了泰克西埃先生所持有的这些美学偏见以外，其他一些物质方面的困难也逐渐显现。因此，建筑师们的计划后来并没有被克洛迪于斯·珀蒂（Claudius-Petit）先生所采纳。后者认为，虽然不能避免“光辉之城”大楼，但既然出现了问题，那么至少同样的事情就不应该再发生，尤其是在南特。

见《自由巴黎人报》，
1952年8月25日

1952年10月14日，大楼启用的那一天，在屋顶平台上，因感动而哽咽的勒·柯布西耶，努力地做了如下的简短演讲：

我很荣幸、很高兴、很骄傲地为你们建造起了这座居住中心。这座由法国政府委任的大楼，是一种现代居住形式在世界上的首次展现。它从一切的条条框框中挣脱出来了，在那里屹立着，没有束缚，与所有糟糕的规则相对抗。它是为人而建造、依照人体比例而建造的。利用现代技术带来的坚固性，它展示了粗坯混凝土的光彩。它更令时代的感性资源为家庭——这社会的基本细胞而服务。

重建部部长欧仁·克洛迪于斯·珀蒂是勒·柯布西耶热烈的支持者。在以政府的名义授予勒·柯布西耶荣誉勋章时，他表达了对于建筑师的崇敬。

我不想掩饰自己激动的心情。这也是勒·柯布西耶在他朋友面前表露的情感。这些人是朋友、合作者、追随者，也是在落成典礼上帮助过他的人；确切地说，是那些一直以来在居住中心引发诸多话题的帮助过他的朋友。围绕着居住中心，人们有过众多的激情洋溢的讨论，但是，也许正因为如此，最后它与每个人都息息相关。今天，应该把所有人的卑微、狭隘和不解都放到一边去。

居住中心到底是什么呢？它是法国自解放以来修建的住房的一部分，即24.9万套住房中的320套。这很好地回应了那些对于建筑家浪费金钱和奇思异想的离奇批评。此外，这320套住房有着特别重要的意义。在解放以来的这些年里，国家推行了不少试验建筑，但是在这一系列的试验当中，看起来只有勒·柯布西耶的建筑能够被完全地称为试验。这里所有的一切都带有试验的性质：大楼的概念、住宅的概念、住宅装备，甚至还有居住方式。然而，最令人惊奇的或许是它让我们明白了，所有的批评在多大程度上夸大了与现实、与人们的观察相反的一面。人们说这住宅像洞穴，或者更像偏僻的小村，这里没有噪声，也不会有噪声，只有家庭的亲密，这与入住者的要求完全吻合。

一些人抱怨说住户奇怪地杂处在一起，而在这里，孩子却从没有像现在这样离父母那么远过；人们还抱怨他们居住地的局促角落让孩子们厌倦，而在这里，孩子们有一个阳台，与别的孩子的集体嬉戏会让他们感到快乐。而旧宅里的孩子们，漫长的冬夜里通常只能在蒸汽弥漫的厨房里玩耍；春秋天，则只能在街上或五六层高的楼房的小院子里玩耍；夏天则更加难熬。

人们还常抱怨屋里光线暗淡，然而新住宅却沐浴在阳光之中；人们还痛苦于不舒适的住房，那么他们应该到这里来看看，甚至来住住。在炎热的夏天，当马赛所有的房屋都紧闭百叶窗以阻挡炙人的阳光时，新住宅里却阳光明媚，因为房屋的方位保证了更宜人的气候。这是对于古希腊伟大传统的回归。

在大楼落成以后不久，欧仁·克洛迪于斯·珀蒂致信给当时已经92岁高龄的勒·柯布西耶的母亲，赞扬了她的儿子的杰作。

我们从马赛回来了。也就是说，从马赛唯一值得一提的地方，从您儿子所修建的房子回来了。

如果您曾经为他的作品而担心，那么现在请您完全放心吧。一切都很好。比朋友们预期的还要好。他曾经那么自信，现在证明他是有道理的。让那些诋毁他的人后悔去吧！让他们去祷告和藏匿吧！除非他们吹响皈依的号角。

这是一处适宜20世纪的人们的住房，然而并不简单。它是其时代和同类中唯一的真正的住宅，在那里生活让人心情舒畅。

勒·柯布西耶很幸福。我可以跟您说，他很感动，他的朋友们也如此。

一种政治思想？被攻击、被承认的勒·柯布西耶

如果说勒·柯布西耶一直在不停地捍卫他对于城市的某些观念的话，他其实并没有什么政治意图。然而，作为一位建筑师和城市规划师，为了实现他的想法，他也经常试图接近他所称为“当局”的政治力量。由于缺乏外交手腕和意图上的折中主义，勒·柯布西耶被某些同时代的极端主义分子指责。至于法国政府，直到很晚的时候才认识到勒·柯布西耶的天赋，并委以国家的重要项目。

1956年，在《艺术与技术》一书中，皮埃尔·弗朗卡斯特尔承认了勒·柯布西耶的影响及其政治独立性，但认为他所修建的是集中营式的建筑。

在我们的时代，勒·柯布西耶的影响是巨大的。我认为，对于这位理论家和艺术家，人们永远都不可能——至少在我们这一代——同时给予如此多的毁誉。

今天，人们似乎已经开始自问，勒·柯布西耶的文章是否已经显得像学院派的教学手册？……

勒·柯布西耶是一个追求秩序的人。这种秩序对于他而言，既是建筑系统内部的逻辑，也是社会纪律。我坚持认为，在那个“新秩序”的热烈追求者占领法国的时代，勒·柯布西耶表现出了极高的尊严。人们不应该忘记，无论某些批评是如何猛烈，都不伤及他的忠诚和尊严。

然而，勒·柯布西耶的世界是集中营式的，或者说得好听一点，是集中式居住区。我重申，勒·柯布西耶绝不是贝当或希特勒——这些双手双袖都沾满鲜血和泥泞的人——的宣传者；然而，他却是我们这个时代的恶的揭示者——这种恶正腐蚀着我们的时代。怪兽般的新秩序也许只是一种意识形态扭曲、堕落的版本，然而这种意识形态本身，在我看来，对于人类的未来却是无比危险的。

路易·奥特科尔在写于1938年的《论建筑》一书中，谴责了勒·柯布西耶的美学观念以及“社会共产主义”的诸多理论。

这个群体所有的现代建筑理论家，看来都是在社会需要的基

础上建立其美学观念的。在社会共产主义的理论与某些美学论点之间，在历史唯物论与功用主义之间，有着某种关联。对于勒·柯布西耶先生而言，建筑是满足需求的途径；然而他知道，这样的定义并不能成为建筑观点，于是，他在其作品里发表了经典的关于几何比例之美的诸多论点。亚利山大·德·桑吉先生在一篇激烈的宣言中甚至认为勒·柯布西耶持有的是如下的理论：在布尔什维克的社会中，个体应该消失；人仅仅是一个庞大组织的标准部件，而建筑作品本身也应该由这些标准部件组成。建筑超越于地方或国家的风格之上，它应该是世界性的，就像革命精神一样。

亚历山大·德·桑吉，一位瑞士建筑师，在1942年6月4日的《北非工程》日报上，直截了当地指控勒·柯布西耶与“大金融家集团”相互勾结，意图毁掉巴黎并创造新的受奴役的无产阶级。

勒·柯布西耶毫不掩饰地求助于大金融家集团，他让后者明白摧毁巴黎和所有的城市，对于混凝土工业以及资助新工业建设的银行来说，都是一件大大的好事。

新建设的实现，毁掉一切职业团体，创造出新的无产阶级群体。非布尔什维克的力量削弱了，布尔什维克的力量得到了壮大。新的建设将造型艺术、绘画和雕塑都摧毁了。它使人失去活力，将其简化为几何动物。它在这国际化大都市里打开了无数巨大的出口，以极宏伟的方式扩大了其绝对权力。我们可以看到，在俄国，一切都导向了国家资本主义专政。

我们都是这场劫掠的见证者。由无名资金和布尔什维克支援的劫掠。

这项巨大的工程是以国际新建筑协会的名义组织的，领导者是一个名为西格弗莱德·吉迪翁（Siegfried Giedion）的犹太人。

1935年，《光辉之城》出版以后，亨利·福西永在写给勒·柯布西耶的信中，表达了对他的崇敬，认为从他身上可以看到一个新的圣西门主义者。

回到巴黎以后，《光辉之城》就一直在我的右手边。如同一个未来的居住者，我在其中缓缓前行。它让我忘记那些应该想象和建设的，抹着石膏、铺着羊皮的洞穴。我要感谢您，要祝贺您。您帮助我们如此地定义了我们自身；为一座城市树立了可能的、如此奇妙的比例以追求愉悦与光明；为未来的城市描绘了如此清晰严格的轮廓。您是那些从不放弃自我的人中的一分子，如那些令人惊讶的圣西门主义者一般坚强。他们不是空想家，却如同我们开始隐约看到的那样，是在上个世纪修建管道、城市和铁路的多能技工。

在您的这座奉献给太阳和理性的令

人激赏的城市之外，您还给予了我们一部灵魂的回忆录，一部关于社会生态学的令人惊讶的资料集。您对于现象的甄选，现在看来令作品显得更加珍贵。我将之命名为“地图集”，因为它包含了一个世界充满希望的允诺。……我满怀诚挚地向您的巨著致敬，它并不是一个诗人的梦境，却是实践资料的合集。

1965年9月1日，在罗浮宫的方庭，文化部长安德烈·马尔罗在建筑师的国葬上确认了勒·柯布西耶的天才。

在法国政府决定为勒·柯布西耶举行国葬仪式那天，我们收到了这样一封电报:“希腊的建筑师们怀着沉痛的心情，决定派他们的主席参加勒·柯布西耶的国葬,并在他的坟头撒下古卫城的泥土。”

而昨天，“印度，这个勒·柯布西耶留下好几个代表作以及建造了首府昌迪加尔的国度，将带着最崇高的敬意，前来将恒河水倾注在其骨灰上。”

这就是人们对他的永恒报答。……勒·柯布西耶生前有过无数的竞争者。他们中的一些人今天在场，让我们倍感荣幸，而另一些人已经逝去。但是他们中没有一个像勒·柯布西耶一样，以如此的力量宣告了建筑的革命。因为没有任何人能在如此长的时间里，以如此的耐心承受侮辱。

荣耀穿过这些凌辱展现其炫目的光华。然而这荣耀更多地归于作品，而不是那个不求名的人。在那么多年操劳于改造过的老修道院走廊的工作室之后，这位酝酿了无数都市的男人，逝于一间孤独的小屋……

他曾经是画家、雕塑家，而更加隐秘的身份，是诗人。他从未为自己的绘画、雕塑和诗歌战斗过，他为之斗争的只有建筑。

他的名句“房屋是居住的机器”并不能够刻画他。真实地反映他建筑理念的是，“房屋应该是生命的瑰宝”。是的，房子是能给人带来幸福的机器。他常常梦想建造“光辉之城”。在那里，摩天大楼从辽阔的花园拔地而起。这个不可知论者建立起了尘世间最激动人心的教堂和修道院……

这种通常是不自觉的高贵，调和了那些预言性的、总是依据狂怒的逻辑而诞生的攻击性理论。这些理论是尘世动力的一部分。任何的理论都或者被视为代表作，或者被遗忘；而勒·柯布西耶的理论却带给建筑师们一项伟大的责任——今天这就是他们的责任——用精神去探寻大地的暗示。勒·柯布西耶改变了建筑，以及建筑师。这就是他成为我们时代最早的启蒙者之一的原因。……勒·柯布西耶首先是一个艺术家。1920年他曾说过，“建筑是聚集在光线之下的各种形式的博学、正确而奇异的游戏”。之后不久，他又说：“粗糙的混凝土或许可以提示，在它们之下，我们的感性是细腻的……”他发明了以功能或逻辑的

安德烈·马尔罗，向这个人，这个建筑家表达了敬意。

名义，令人惊叹的抽象形式。

然而，展现了形式与建筑重要而深刻的关联的，并不是他的诸多理论，而是他的作品。

这是改变了芬兰的阿尔托（Aalto）来自英国的消息：“没有一个60岁以下的建筑师没有受到过他的影响。”还有来自苏联的：“现代建筑学失去了它最伟大的导师。”……

这是美国总统的声音：“他的影响是广泛的。他的作品承载了一种我们历史上很少艺术家能够达到的永恒……”

永别了，我的大师。永别了，我的老朋友。晚安……

这是恒河的水和卫城的泥土。

全世界知名的建筑师们在勒·柯布西耶逝去的时候，一致认可其作品对于建筑之未来的重要性。

很难识破他所有作品的含义。在得知他去世的那一刻，在回忆中搜寻我们有限的视界，一刹那，他高贵的人格进入到我的意识之中，令我感到震惊与沉重。这真是一个悲剧：他不能活着以发掘他不可估量的潜能了。

……他在一生中全面发展，大量的建筑、诗歌和创新，构成了其作品和这个博学者的特征。他创造了一种新的价值尺度，广泛到足以影响未来的人们。

瓦尔特·格罗皮乌斯，
1965年9月10日

现在，所有的人都承认勒·柯布西耶是一个伟大的建筑师和伟大的艺术家，一个真正的革新者。

……对于我而言，他最大的意义在于，在建筑和城市规划领域，他是一个真正的解放者。

密斯·凡·德·罗，
1965年9月7日

一旦从勒·柯布西耶去世这个噩耗带来的震惊中恢复过来，人们不可避免地会想到他一生的作品。实际上，很难确定这个人，这异常富有创造性和多产的人，在哪个领域做得更好。他是艺术家，是新建筑的先锋。他的影响刺激着更年轻的几代人。我们的柯布，我们的如此勤奋、如此充满活力的柯布死了。然而他却并未因此而停下来，他的作品还在继续。

马塞尔·布劳耶，
1965年9月20日

调整

在写作上，勒·柯布西耶从没有停止过反思自己所走过的路。1965年7月，在他死前的仅仅几个星期，在一本名为《调整》(*Mise au point*)的小书里，他最后一次致力于这样的反思。

没有任何东西具有思想那样的可转移性,它可以传承给后世。在岁月中，人们通过斗争、工作和自我努力，一点一点地获得某种资本，进行着个体和个人的征服。然而，所有的对于个体的热烈探索，所有的这些资本，这些来之不易的经验都会消失。生命的法则是死亡。自然通过死亡终结一切活动。只有思想，劳动的果实，才是可以传承的。时光流逝在岁月的河流中，在生命的过程中……

从年轻的时候开始，我就和物质的重量有过近距离的接触：材料的重量和抵抗力。然后是跟人的接触：不同的人的不同特性，人的抵抗力，对人的抵抗力。我的一生与此为伴。我根据材料的重量推荐大胆的解决方案……而这一切居然被接受了！我研究人。对人，我时常感到讶异，并且时至今日，我仍不时因此目瞪口呆。然而，我认识了这一点，并且承认这一点、看到这一点、观察这一点……在风与日光中，我扮演着微不足道的角色。……

我77岁了，我的伦理可以总结如下："生命需要去行动。"也就是说，需要谦虚、精确、具体地去行动。对于艺术创造而言，唯一的氛围就是规律、谦虚、持续和坚韧不拔。

我曾经在别的地方写过，生命的定义是恒久的。因为恒久是自然而具有创造性的。要做到恒久，必须要谦逊和坚定。这是勇气、内在力量的证明，是对存在本质的定性。……

我是一头驴，但是长着一只眼睛。——是一只具有感觉能力的驴的眼睛。我是一头具有比例本能的驴。我也是一个一直执着于视觉的、不知悔改的人。美的本身就是美……

从我 17 岁半建造我的第一所房子开始，我一直在冒险、困难、灾难或者某些时候的成功中继续着我的工程。现在，我 77 岁了，我的名字已经在全世界得到了承认。有时，我的研究、想法看起来似乎被人所承认，但是阻碍，如同那些阻碍者一样也总是存在着。你们问我的回答？我曾经是活跃而积极的，我也一直是这样。我的研究总是被导向人心灵的诗。作为视觉的人，用眼和手工作，我首先被造型艺术注入了活力。一切都在里面了：凝聚力、和谐与统一。建筑和城市规划结合在了一起：这是同一个问题，需要的是同一个职业。

我不是革命者，我是一个害羞的家伙，不掺和与己无关的事情。然而，那些因素却是革命性的。它们的确是这样的。需要冷静地看待这些事物，保持一定距离。……

在嘈杂与人群之外，在我的巢中（我是一个沉思的人，我甚至坚信我是一头驴），40 年来，我研究“善良的人”以及他的妻子、他的巢穴。一种执着令我激动：在家庭中导入一种神圣的意义，让住宅成为家庭的庙宇。从现在开始，一切都应该不一样。一立方厘米的房子也贵如黄金，它代表的是可能的幸福。基于对尺寸和用途这样的认识，你们今天就可以依照家庭，在往昔建造的大教堂之外建立神庙；你们可以按照你们所希望的那样去建造它。

现在的任务就是负责地点和处所。这是“建造者”的任务。而这些“建造者”，具体而言，就是一种兼具工程师和建筑师特点的新职业。工程师和建筑师是建造艺术的左右手。

在现在的形势下，住宅绝不可能成为家庭的神庙。人们制造的是租金盒子，然后人们以此维生。建筑的概念被平庸化了，因为它并没有服从于一种恰当的定义，也就是说，创造居住的地方和场所。工作和娱乐将它们置于“自然条件”之下，即置于太阳——我们不容置疑的主宰的不可抗辩的指令之下，因为白天与黑夜的交替永恒地决定了我们一系列有价值的活动。……

应该重新找到人。要找到与基本法则（生物学、自然、宇宙）的轴线相交的直线。那是不可弯曲的直线，例如海平线。

所有的一切都在脑子里，在如同一阵眩晕般转瞬即逝的生命中一点点孕育、成形、发生，甚至当我们到达了生命终点时，仍浑然不知。

巴黎，1965 年 7 月

Le Corbusier

附录

勒·柯布西耶基金会

依据建筑师的意愿，勒·柯布西耶基金会于1968年在拉罗什－让内雷别墅创立。它从事的是公益事业。

作为勒·柯布西耶世界性的遗产受赠人，勒·柯布西耶基金会负责掌握和承担在道德和遗产的层面，所有关于他建筑、造型和文学作品的权利和义务。

它保存了勒·柯布西耶绝大部分的资料：素描、设计图、计划、文字和图片。除此之外，它还拥有勒·柯布西耶大量不同技术手段的造型作品：素描、绘画、挂毯底图、贴纸、雕刻，以及建筑师与约瑟夫·萨维那一起实现的雕塑。基金会还继承了建筑师的个人图书馆。它负责保证这些遗产的保存。

它还管理着一个关于勒·柯布西耶及其作品的图书馆。所有的爱好者、学生、建筑师、历史学家以及研究者都可以进入这个图书馆。拉罗什别墅也对参观者开放。

基金会还组织展览、见面会及讨论会，协助某些活动的组织，比如出借作品等。当由勒·柯布西耶修建的住宅的业主需要的时候，基金会将会对房屋的保存和修缮提出建议。

基金会与所有的在法国以及国外的、关心勒·柯布西耶作品的组织保持着紧密的联系，并随时与需要了解现代建筑以及遗产保护问题的行政部门保持联系。

实现了的建筑作品

巴黎

- 民居（1926年），巴黎十三区
- 普拉尼克斯别墅（1924—1927），巴黎十三区
- 救世军庇护院（1929—1933），巴黎十三区
- 奥赞方工作室（1923—1924），巴黎十四区
- 瑞士楼（1929—1933），大学城，巴黎十四区
- 拉罗什－让内雷别墅（1923—1925），巴黎十六区

巴黎地区

塞纳河上布洛涅（Boulogne-sur-Seine）
- 利普契兹别墅（1924—1925）
- 泰尔尼西安别墅（1923—1926）
- 密斯恰尼科夫别墅（1923—1926）
- 库克别墅（1926—1927）

拉瑟尔圣克卢（La Celle-Saint-Cloud）
- 亨费尔周末住宅（1935年）

塞纳河上讷伊里（Neuilly-sur-Seine）
- 雅吾尔别墅（1951—1955）

波瓦西
- 萨伏伊别墅（1929—1931）

沃克雷松（Vaucresson）
- 贝思努别墅（1923年）
- 斯坦因别墅，“大露台”（1927—1928）

巴黎地区之外

波尔多 － 贝萨克（Bordeaux-Pessac）
- 富吕叶街区（1924—1927）

布里叶（Briey-en-Forêt）
- 住宅中心（1956—1963）

艾布舒尔阿布雷伦镇
- 拉图雷特修道院（1953—1960）

菲尔米尼
- 文化中心（1955—1965）
- 体育场（1955—1968）
- 居住单元（1959—1967）

拉帕尔米雷（La Palmyre）
- 勒·塞克斯堂别墅（1935年）

马赛
- 居住中心（1945—1952）

米卢斯（Mulhouse）
- 肯布尼非船闸，位于罗讷河和莱茵河之间的运河上（1960—1962）

波当萨克（Podensac）
- 水塔（1917年）

勒普拉代（Le Pradet）
- 德茫多别墅（1930—1931）

南特 - 雷泽
- 居住中心（1948—1955）

朗香
- 圣母小教堂（1950 — 1955）

马尔丹海角
- 勒·柯布西耶小屋（1951—1952）
- 勒·柯布西耶及其妻伊冯娜的墓（1957年）

圣迪耶
- 杜瓦尔工厂（1947—1951）

德国

夏洛腾堡，柏林
- 居住中心（1956—1958）

斯图加特
- 魏森豪夫社区中的两栋房子（1927年）

阿根廷

拉普拉塔（La Plata）
- 库鲁切特别墅（1949年）

比利时

安特卫普
- 吉叶特住宅（1926—1927）

巴西

里约热内卢
- 教育部［1936年，与尼迈耶和科斯塔（L. Costa）合作］

美国

坎布里奇（Cambridge）
- 卡彭特视觉艺术中心（1960—1963）

印度

昌迪加尔（旁遮普邦）
- 城市计划（1952—1963）
- 高级法院（1955年）
- 秘书处（1958年）
- 众议院大楼（1962年）
- 艺术与建筑学校（1964—1969）
- 博物馆（1964—1968）

艾哈迈达巴德（古吉拉特邦）
- 纱厂主大楼（1954年）
- 索得安别墅（1956年）
- 萨拉巴伊别墅（1956年）
- 博物馆（1958年）

日本

东京
- 西方艺术博物馆（1959年）

瑞士

拉绍德封
- 法莱别墅（1905—1907）
- 斯托特泽尔别墅（1908—1909）
- 雅克梅别墅（1908—1909）
- 让内雷别墅（1912年）
- 斯卡拉电影院
- 施沃布别墅（1916—1917）

沃韦
- 让内雷住宅“小房子”（1924—1925）

日内瓦
- 克拉尔泰大楼（1930—1932）

勒洛克（Le Locle）
- 法弗尔 - 雅各别墅（1912年）

苏黎世
- 勒·柯布西耶 - 海迪·韦伯中心（1963—1967）

突尼斯

迦太基
- 拜若别墅（1928—1931）

俄罗斯

莫斯科

－统计中心（1929—1935）

***

1977年，在勒·柯布西耶去世12年后，一座大楼在意大利的博洛尼亚修建了起来。大楼所依据的设计是勒·柯布西耶参加1925年展览的“新精神大楼”。原模型在展览之后立即被毁掉了。

意大利

博洛尼亚

－新精神大楼［1925年。1977年在乌布里耶里（J.Oubrerie）和格雷斯雷里（G.Gresleri）的指挥下重建。］

插图列表

FLC：由勒·柯布西耶基金会保存的文献、照片以及素描、绘画、雕塑、编织作品等。

卷首

第一章

第二章

第20—21页　施沃布别墅，平面图局部和照片，FLC。

第22—23页　《以Dom-ino原则建造的系列住宅群》，素描，1915年，FLC（1931）。

第22页下图　《Dom-ino骨架》，素描，1914年，FLC（19209）。

第23页下图　与阿尔贝及父母在一起，在拉绍德封，1918年左右，照片，FLC。

第三章

第24页　拉罗什别墅，巴黎。

第25页　《手》，素描，FLC。

第26—27页　《系列房屋》，1919年，见《走向新建筑》。

第26页下图　《卢舍尔住宅》《艺术家之家》以及《光芒四射的农舍》，素描，分别作于1929年、1922年以及1938年，FLC（18253，30198，28619）。

第27页下图　与伊冯娜在一起，照片，1935年左右，FLC。

第28页　《壁炉》，绘画，1918年，FLC（134）。

第29页上图　《三个瓶子》，绘画，1926年，FLC（144）。

第29页下图　与阿梅代·奥赞方和阿尔贝·让内雷在一起。照片，1918年左右，FLC。

第30页左图　《贝壳》，素描，1932年，FLC。

第30页右图　《费尔南·莱热》，素描，年代不详，FLC（4798）。

第31页　《与伊冯娜在一起的自画裸像》，素描，年代不详，FLC（4796）。

第32页　《两个坐着的、戴项链的女人》，绘画，1929年左右，FLC（89）。

第33页上图　《女士·猫·茶壶》，绘画，1928年，FLC（85）。

第33页下图　《阿卡松的女钓者》，绘画，1932年，FLC（239）。

第34页　《走向新建筑》中的一页。

第35页　《新精神》杂志第一期局部。

第36页上图　《别墅大楼》，素描，1922年，FLC（19083）。

第36页下图　《雪铁龙住宅》，素描，1922年，FLC（20709）。

37页上图　新精神大楼，巴黎，1925年，照片，FLC。

第37页下图　新精神大楼的起居室布置，照片，1925年，FLC。

第38页　《巴黎方案》，1937年，FLC。

第38—39页　《一座300万居民的城市之设计图》，模型，1922年。

第39页　《改变城市》，讲演时所作草图，1929年，FLC（32088）。

第40页　《切齐别墅》，素描，1928年，FLC（8076）。

第40—41页　斯坦因别墅，照片，FLC。

第41页　切齐别墅，照片，FLC。

第42页　拉罗什别墅画廊，照片，FLC。

第43页　让内雷别墅客厅，照片，FLC。

第44—45页　《萨伏伊别墅》，素描（31522和19425）和照片，FLC。

第46页左图　《工地上的两个男人》，素描，年代不详，FLC（4921）。

第46页右图　《工程师与建筑师》，素描，年代不详，FLC（5543）。

第47页上图　《与约瑟芬·贝克在里约热内卢》，素描，1935年，FLC（B4-239）。

第47页下图　富吕叶街区的样板房，模型，FLC。

第48页　贝萨克富吕叶街区落成典礼，照片，1926年，FLC。

第49页上图　勒·柯布西耶和伊冯娜在贝萨克，照片，FLC。

第49页下图　《小房子》，哥西奥，素描，FLC（4897）。

第50页上图　《国联大厦》，日内瓦，设计草图。

第50—51页下图　苏维埃宫，莫斯科，模型。

第52页　救世军庇护院，巴黎，照片，FLC。

第53页 《巴黎大学城瑞士楼》，素描，1930年，FLC（15356）。
第54页上图　莫利托大楼，照片，FLC。
第54页下图　巴黎大学城瑞士楼，桩基，照片，FLC。
第55页　魏森豪夫社区整体图。
第56页上图　彼得·贝伦斯，A.E.G.工厂，柏林，1913年。
第56页中图　弗兰克·劳埃德·赖特，《罗比住宅》，芝加哥，1906年至1909年，素描。
第56页下图　威廉·勒·巴隆·吉尼，莱特尔第二大楼，芝加哥，1891年至1892年。
第57页　斯坦因别墅，一楼的自由平面，照片，FLC。
第58页左图 《扶手椅》，素描，FLC（画册第35页）。
第58页右图　与夏洛特·佩里昂在一起，1927年，照片。
第58—59页　切齐别墅，书房。
第60页 《新精神》第20期中的一页，1924年。
第61页上图　国际现代建筑协会（C.I.A.M.）第一次大会时的集体留影，1928年，国际现代建筑协会资料。
第61页下图 《微型汽车》，素描，1936年，FLC（22994）。

第四章

第62页　马赛居住中心。
第63页 《贝壳》，素描，FLC。
第64页　1948年时塞弗尔街的建筑师事务所，照片，FLC。
第65页 《烟叶匮乏以及骆驼的生活》，维希，1942年，FLC（PC75）。
第66页上图　马赛居住中心，外部楼梯。
第66页下图　马赛居住中心，工地，1946年，照片，FLC。
第67页上图　马赛居住中心两套房子剖面图，模型，FLC。
第67页下图　勒·柯布西耶在马赛作画，照片，FLC。
第68页和69页　马赛居住中心，屋顶，立视简图以及照片。
第70页　居住中心，南特－雷泽，照片，FLC。
第71页上图　马赛居住中心，内部街道。
第71页下图　马赛居住中心，室内布置样板。
第72页上图 《朗香》，素描，年代不详，FLC（5645）。
第72页下图 《朗香》，素描，1951年，FLC（E18–318）。
第73页　朗香朝圣，照片，FLC。
第74页和75页　朗香圣母小教堂。
第76页上图　朗香圣母小教堂内部。
第76页下图　雅吾尔别墅，照片。
第77页　杜瓦尔工厂，圣迪耶，照片FLC。
第78页上图　和尼赫鲁在一起，照片FLC。
第78页下图 《昌迪加尔》，素描，FLC（F24–726）。
第79页上图 “勒·柯布西耶”展目录标题，皮埃尔·马蒂斯画廊，纽约，1956年。
第79页下图 《橙色和蓝色的斗牛》，珐琅，1964年，FLC（珐琅作品第四）。
第80页上图 《手》，素描，FLC。
第80页下图 《手》，雕塑，1956年，FLC（17）。
第80—81页　在萨维那的工作室里，1963年，照片，FLC。
第81页 《女人》，雕塑，1953年，FLC（12）。
第82页 《图腾》，雕塑，1950年，FLC（8）。
第82—83页 《红色背景中的女人》，挂毯，1965年。
第84页上图 《模数》，石版画，1956年，FLC。
第84页下图 《模数》，FLC。
第85页　正在做讲座，照片，1952年，FLC。
第86页 《直角之诗》中的石版画，FLC。
第87页 《阿尔及尔之诗》的标题页，FLC。

第五章

第 88 页　昌迪加尔。
第 89 页 《手》，素描，FLC。
第 90 页　索得安别墅，艾哈迈达巴德，照片。
第 91 页上图 《昌迪加尔》，素描，1952 年，FLC（F26–859）。
第 91 页下图　昌迪加尔全景。
第 92 页上图　昌迪加尔，城市规划图。
第 92 页下图　昌迪加尔工地，照片，FLC。
第 93 页　昌迪加尔，法院大楼。
第 94 页　在拉图雷特工地，照片，1953 年，FLC。
第 95 页　拉图雷特修道院，照片，FLC。
第 96 页上图　卡彭特视觉艺术中心，照片，FLC。
第 96 页下图　人文大楼，苏黎世。
第 97 页　西方艺术博物馆，东京，模型，FLC。
第 98 页上图　文化中心，菲尔米尼，照片，FLC。
第 98 页下图　和欧仁·克洛迪于斯·珀蒂在一起，照片，FLC。
第 99 页上图 《菲尔米尼教堂》，素描，1963 年，FLC（16620）。
第 99 页下图　文化中心，菲尔米尼。
第 100 页　在小屋附近，在“海洋之星”餐厅前面，被称为“Robert”的利比塔托和被称为“Saint André des Oursins”的安德烈（André）在勒·柯布西耶作于 1950 年 8 月 3 日的油画前，照片，1950 年，FLC。
第 101 页　小屋，照片，FLC。
第 101 页下图　勒·柯布西耶和伊冯娜的墓。

见证与文献

第 102 页　众议院大楼，昌迪加尔。
第 103 页 《直角之诗》石版画，FLC。
第 105 页 《雅各布街的工作室》，素描，年代不详，FLC（5615）。
第 107 页　雅各布街的家中，照片，FLC。
第 108 页 《威尼斯风景画》，水彩画，年代不详，FLC（拉罗什画册）。
第 111 页下图 《合着的手》，素描，FLC。
第 112 页　新精神大楼，见《现代建筑学年鉴》。
第 114 页上图 《长椅》，素描，1928 年，FLC（19345）。
第 114 页下图　巴黎瓦赞方案，1925 年和 1930 年，见《生动的建筑》，1931 年。
第 117 页　Dom–ino，模型，FLC。
第 118 页　斯坦因别墅，Garches，见《生动的建筑》，1929 年。
第 121 页　巴黎圣母院的基准线，见《走向新建筑》。
第 122 页　致梅耶尔太太的信（局部）。
第 125 页　勒·柯布西耶、皮埃尔·让内雷以及夏洛特·佩里昂合作设计的《住宅设备》，客厅，1929 年秋季沙龙。
第 126 页　同上，标准化格示意图。
第 127 页　同上，厨房。
第 128 页　莫利托大楼中的工作室。
第 130 页 《纯粹主义构成》。
第 132 页　马赛居住中心，桩基，照片，FLC。
第 134 页 《马赛居住中心》，立视图，素描，FLC（28824）。
第 136 页 《自画像》，素描，FLC（235）。
第 139 页　与安德烈·马尔罗在印度。照片，FLC。
第 140 页　勒·柯布西耶照片。

图片授权

（页码为原版书页码）

136, 137. Olivier Wogenscky 72, 78/79, 81, 84, 85, 86h, 98, 100, 101b, 103, 109b, 111b, 112.

致谢

L'auteur remercie tous ceux qui l'ont aidé à mieux comprendre la vie et l'œuvre de Le Corbusier et plus particulièrement Roger Aujame, Michel Bataille, Maurice Besset, l'abbé Bolle Reddat, Françoise de Franclieu, Giuliano Gresleri, Maurice Jardot, Charlotte Perriand, Robert Rebutato, Roland Simounet, Evelyne Tréhin et André Wogenscky. Sa reconnaissance s'adresse aussi à la mémoire d'Eugène Claudius-Petit, François Mathey et Jean Prouvé.
Les Éditions Gallimard et l'auteur expriment à la Fondation Le Corbusier, et tout spécialement à Evelyne Tréhin et Holy Raveloarisoa, leur reconnaissance pour l'aide qu'elles ont apportée à la réalisation de ce livre.
Les Éditions Gallimard remercient Bernard Pies de sa précieuse contribution à la recherche Iconographique.

原版出版信息

DÉCOUVERTES GALLIMARD
COLLECTION CONÇUE PAR Pierre Marchand.
DIRECTION Elisabeth de Farcy.
COORDINATION ÉDITORIALE Anne Lemaire.
GRAPHISME Alain Gouessant.
COORDINATION ICONOGRAPHIQUE Isabelle de Latour.
SUIVI DE PRODUCTION Perrine Auclair.
CHEF DE PROJET PARTENARIAT Madeleine Giai-Levra.
RESPONSABLE COMMUNICATION ET PRESSE Valérie Tolstoi.
PRESSE David Ducreux.

LE CORBUSIER, L'ARCHITECTURE POUR ÉMOUVOIR
EDITION ET ICONOGRAPHIE Frédéric Morvan.
MAQUETTE Catherine Schubert (Corpus), Dominique Guillaumin (Témoignages et Documents).
LECTURE-CORRECTION Pierre Granet et Jocelyne Moussart.

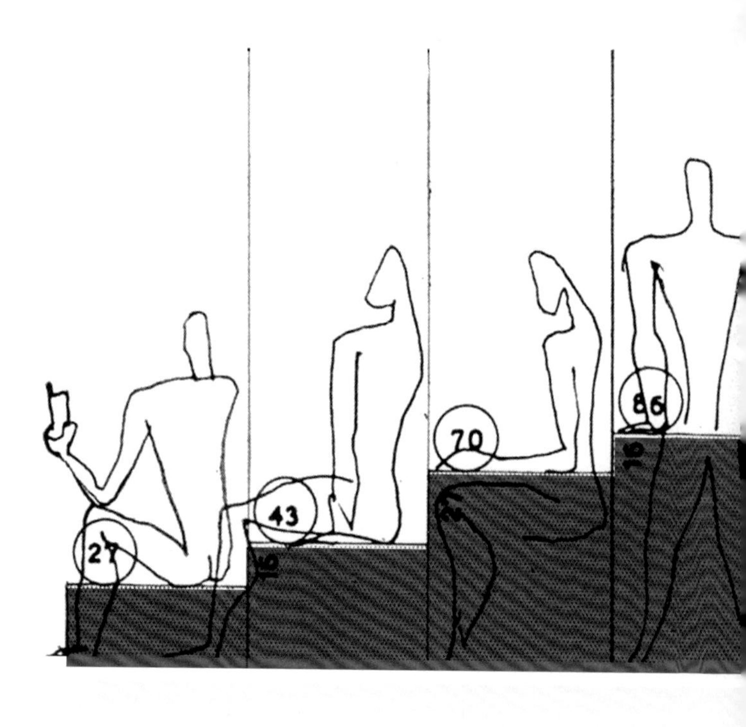
27
43
16
70
86
16

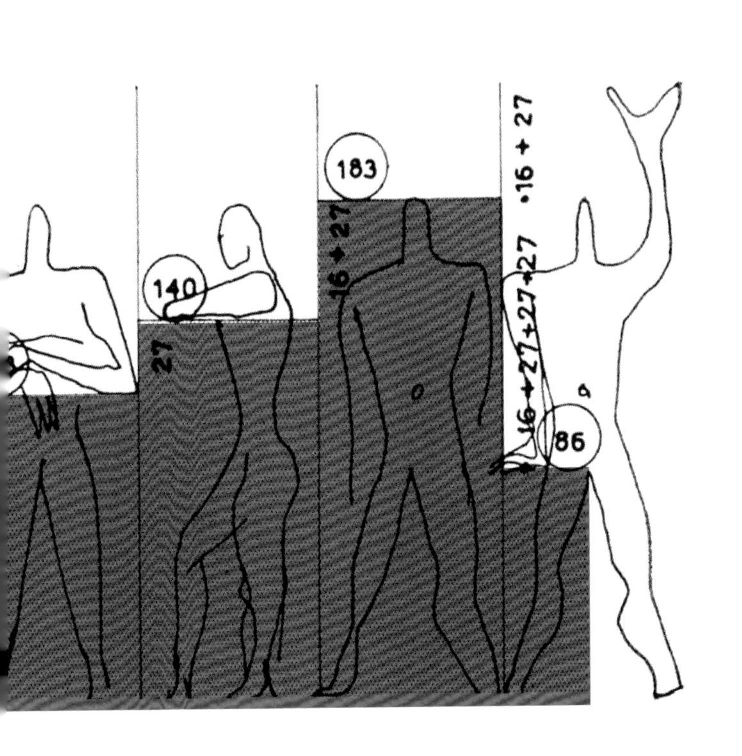

140
27
183
16 + 27
•16 + 27
•16 + 27 + 27 + 27
16 + 27 + 27
86

图书在版编目（CIP）数据

勒·柯布西耶：为了感动的建筑 /（法）让·让热（Jean Jenger）著；周嫄译. — 北京：北京出版社，2024.5

ISBN 978-7-200-16107-6

Ⅰ. ①勒… Ⅱ. ①让… ②周… Ⅲ. ①勒·柯布西耶（1887-1965）—建筑艺术—艺术评论 Ⅳ. ① TU-865.65

中国版本图书馆 CIP 数据核字（2021）第 009443 号

策 划 人：王忠波　向　雳　　责任编辑：王忠波　刘　瑶
责任营销：猫　娘　　责任印制：陈冬梅
装帧设计：吉　辰

勒·柯布西耶
为了感动的建筑
LE　KEBUXIYE
[法] 让·让热　著　周嫄　译

出　　版：北京出版集团
　　　　　北 京 出 版 社
地　　址：北京北三环中路 6 号　邮编：100120
总 发 行：北京伦洋图书出版有限公司
印　　刷：北京华联印刷有限公司
经　　销：新华书店
开　　本：880 毫米 ×1230 毫米　1/32
印　　张：5.25
字　　数：120 千字
版　　次：2024 年 5 月第 1 版
印　　次：2024 年 5 月第 1 次印刷
书　　号：ISBN 978-7-200-16107-6
定　　价：68.00 元

如有印装质量问题，由本社负责调换
质量监督电话：010-58572393

著作权合同登记号：图字 01-2023-4211

Originally published in France as :

Le Corbusier：*L'architecture pour émouvoir* by Jean Jenger